U0336833

同济博士论丛
TONGJI Dissertation Series

总主编 伍 江 副总主编 雷星晖

朱安伟 田 阳 著

基于无机-有机功能纳米材料检测
金属离子及其生物成像

Inorganic-Organic Functional Nanomaterials
for Biosensing and Bioimaging of Metal Ions

同济大学出版社
TONGJI UNIVERSITY PRESS

内 容 提 要

本书将特异性识别单元(有机小分子、生物分子)与无机纳米材料(半导体量子点、碳纳米点、石墨烯量子点)复合,发展了三种 Cu^{2+} 比率型荧光探针。通过在 CdSe/ZnS 量子点表面同时组装 AE-TPEA 与 PYEA,制备了具有双发射荧光的比率型荧光探针 QDs@PYEA-TPEA,并且实现了比率荧光成像活细胞内 Cu^{2+} 浓度的变化;设计并合成了 Cu^{2+} 比率型荧光探针 CdSe@C-TPEA,不仅实现了可视化灵敏检测 Cu^{2+} 的浓度,而且基于碳纳米点复合材料实现了比率荧光成像细胞内 Cu^{2+} 的浓度变化;设计并合成了具有双光子吸收的无机-有机功能纳米材料 GQD@Nile-E_2Zn$_2$ SOD,发展了一种高灵敏、高选择性检测 Cu^{2+} 的比率型荧光探针,并将其应用于双光子比率型荧光成像活细胞和组织切片内的 Cu^{2+},并进一步研究了抗坏血酸处理细胞对去铜超氧化物歧化酶重组 Cu^{2+} 的影响。

本书可作为从事无机-有机功能纳米材料研究与应用的研发及工程技术人员参考用书。

图书在版编目(CIP)数据

基于无机-有机功能纳米材料检测金属离子及其生物
成像/朱安伟,田阳著. —上海:同济大学出版社,
2017.8
(同济博士论丛/伍江总主编)
ISBN 978-7-5608-7029-8

Ⅰ.①基… Ⅱ.①朱…②田… Ⅲ.①生物分析—荧
光探头—纳米材料—铜离子—生物—图象处理—研究
Ⅳ.①Q503②TB383

中国版本图书馆 CIP 数据核字(2017)第 093900 号

基于无机-有机功能纳米材料检测金属离子及其生物成像

朱安伟　田　阳　著

出 品 人　华春荣　　责任编辑　胡晗欣　　助理编辑　翁　晗
责任校对　徐春莲　　封面设计　陈益平

出版发行　同济大学出版社　　www.tongjipress.com.cn
　　　　　(地址:上海市四平路 1239 号　邮编:200092　电话:021-65985622)
经　　销　全国各地新华书店
排版制作　南京展望文化发展有限公司
印　　刷　浙江广育爱多印务有限公司
开　　本　787 mm×1092 mm　　1/16
印　　张　9.25
字　　数　185 000
版　　次　2017 年 8 月第 1 版　　2017 年 8 月第 1 次印刷
书　　号　ISBN 978-7-5608-7029-8

定　　价　50.00 元

"同济博士论丛"编写领导小组

袁万城　莫天伟　夏四清　顾　明　顾祥林　钱梦騄

徐　政　徐　鉴　徐立鸿　徐亚伟　凌建明　高乃云

郭忠印　唐子来　阎耀保　黄一如　黄宏伟　黄茂松

戚正武　彭正龙　葛耀君　董德存　蒋昌俊　韩传峰

童小华　曾国荪　楼梦麟　路秉杰　蔡永洁　蔡克峰

薛　雷　霍佳震

秘书组成员：谢永生　赵泽毓　熊磊丽　胡晗欣　卢元姗　蒋卓文

总　序

在同济大学110周年华诞之际，喜闻"同济博士论丛"将正式出版发行，倍感欣慰。记得在100周年校庆时，我曾以《百年同济，大学对社会的承诺》为题作了演讲，如今看到付梓的"同济博士论丛"，我想这就是大学对社会承诺的一种体现。这110部学术著作不仅包含了同济大学近10年100多位优秀博士研究生的学术科研成果，也展现了同济大学围绕国家战略开展学科建设、发展自我特色，向建设世界一流大学的目标迈出的坚实步伐。

坐落于东海之滨的同济大学，历经110年历史风云，承古续今、汇聚东西，秉持"与祖国同行、以科教济世"的理念，发扬自强不息、追求卓越的精神，在复兴中华的征程中同舟共济、砥砺前行，谱写了一幅幅辉煌壮美的篇章。创校至今，同济大学培养了数十万工作在祖国各条战线上的人才，包括人们常提到的贝时璋、李国豪、裘法祖、吴孟超等一批著名教授。正是这些专家学者培养了一代又一代的博士研究生，薪火相传，将同济大学的科学研究和学科建设一步步推向高峰。

大学有其社会责任，她的社会责任就是融入国家的创新体系之中，成为国家创新战略的实践者。党的十八大以来，以习近平同志为核心的党中央高度重视科技创新，对实施创新驱动发展战略作出一系列重大决策部署。党的十八届五中全会把创新发展作为五大发展理念之首，强调创新是引领发展的第一动力，要求充分发挥科技创新在全面创新中的引领作用。要把创新驱动发展作为国家的优先战略，以科技创新为核心带动全面创新，以体制机制改革激发创新活力，以高效率的创新体系支撑高水平的创新型国家建设。作为人才培养和科技创新的重要平台，大学是国家创新体系的重要组成部分。同济大学理当围绕国家战略目标的实现，作出更大的贡献。

大学的根本任务是培养人才，同济大学走出了一条特色鲜明的道路。无论是本科教育、研究生教育，还是这些年摸索总结出的导师制、人才培养特区，"卓越人才培养"的做法取得了很好的成绩。聚焦创新驱动转型发展战略，同济大学推进科研管理体系改革和重大科研基地平台建设。以贯穿人才培养全过程的一流创新创业教育助力创新驱动发展战略，实现创新创业教育的全覆盖，培养具有一流创新力、组织力和行动力的卓越人才。"同济博士论丛"的出版不仅是对同济大学人才培养成果的集中展示，更将进一步推动同济大学围绕国家战略开展学科建设、发展自我特色、明确大学定位、培养创新人才。

面对新形势、新任务、新挑战，我们必须增强忧患意识，扎根中国大地，朝着建设世界一流大学的目标，深化改革，勠力前行！

万　钢

2017 年 5 月

论丛前言

　　承古续今，汇聚东西，百年同济秉持"与祖国同行、以科教济世"的理念，注重人才培养、科学研究、社会服务、文化传承创新和国际合作交流，自强不息，追求卓越。特别是近 20 年来，同济大学坚持把论文写在祖国的大地上，各学科都培养了一大批博士优秀人才，发表了数以千计的学术研究论文。这些论文不但反映了同济大学培养人才能力和学术研究的水平，而且也促进了学科的发展和国家的建设。多年来，我一直希望能有机会将我们同济大学的优秀博士论文集中整理，分类出版，让更多的读者获得分享。值此同济大学110 周年校庆之际，在学校的支持下，"同济博士论丛"得以顺利出版。

　　"同济博士论丛"的出版组织工作启动于 2016 年 9 月，计划在同济大学110 周年校庆之际出版 110 部同济大学的优秀博士论文。我们在数千篇博士论文中，聚焦于 2005—2016 年十多年间的优秀博士学位论文 430 余篇，经各院系征询，导师和博士积极响应并同意，遴选出近 170 篇，涵盖了同济的大部分学科：土木工程、城乡规划学（含建筑、风景园林）、海洋科学、交通运输工程、车辆工程、环境科学与工程、数学、材料工程、测绘科学与工程、机械工程、计算机科学与技术、医学、工程管理、哲学等。作为"同济博士论丛"出版工程的开端，在校庆之际首批集中出版 110 余部，其余也将陆续出版。

　　博士学位论文是反映博士研究生培养质量的重要方面。同济大学一直将立德树人作为根本任务，把培养高素质人才摆在首位，认真探索全面提高博士研究生质量的有效途径和机制。因此，"同济博士论丛"的出版集中展示同济大学博士研究生培养与科研成果,体现对同济大学学术文化的传承。

"同济博士论丛"作为重要的科研文献资源,系统、全面、具体地反映了同济大学各学科专业前沿领域的科研成果和发展状况。它的出版是扩大传播同济科研成果和学术影响力的重要途径。博士论文的研究对象中不少是"国家自然科学基金"等科研基金资助的项目,具有明确的创新性和学术性,具有极高的学术价值,对我国的经济、文化、社会发展具有一定的理论和实践指导意义。

"同济博士论丛"的出版,将会调动同济广大科研人员的积极性,促进多学科学术交流、加速人才的发掘和人才的成长,有助于提高同济在国内外的竞争力,为实现同济大学扎根中国大地,建设世界一流大学的目标愿景做好基础性工作。

虽然同济已经发展成为一所特色鲜明、具有国际影响力的综合性、研究型大学,但与世界一流大学之间仍然存在着一定差距。"同济博士论丛"所反映的学术水平需要不断提高,同时在很短的时间内编辑出版110余部著作,必然存在一些不足之处,恳请广大学者,特别是有关专家提出批评,为提高同济人才培养质量和同济的学科建设提供宝贵意见。

最后感谢研究生院、出版社以及各院系的协作与支持。希望"同济博士论丛"能持续出版,并借助新媒体以电子书、知识库等多种方式呈现,以期成为展现同济学术成果、服务社会的一个可持续的出版品牌。为继续扎根中国大地,培育卓越英才,建设世界一流大学服务。

伍 江

2017 年 5 月

前　言

　　铜是人体内第三丰度的微量金属元素，其氧化还原性对于有机体维持正常的生理功能具有重要的作用。当细胞内铜的动态平衡发生紊乱时会引起氧化应激，并进一步破坏核酸、蛋白质等生物大分子。因此，细胞通过复杂的铜摄取、转运与储存机制，严格控制着细胞内铜的水平与分布。目前，关于高等真核细胞尤其是与脑、心脏、肠、肝等组织相关的特定细胞是如何在亚细胞层次调节铜离子的水平与分布，以及细胞内铜的动态平衡发生紊乱与衰老和疾病的关系的问题还没有理解清楚。因此，发展能够检测活细胞内铜离子的荧光分析法，对于理解铜离子在各种生理病理过程中的复杂作用具有重要的意义。

　　本书将特异性识别单元(如有机小分子、生物分子)与具有优异光电特性的无机纳米材料(如半导体量子点、碳纳米点、石墨烯量子点)复合发展了三种 Cu^{2+} 比率型荧光探针。通过在羧基化的 CdSe/ZnS 量子点表面修饰有机荧光分子 N-pyridin-4-ylmethylene-ethane-1, 2-diamine (PYEA)和金属离子配体 N-(2-aminoethyl)-N, N′, N′-tris(pyridin-2-ylmethyl)ethane-1, 2-diamine(AE-TPEA)，既增强了 CdSe/ZnS 量子点对 Cu^{2+} 的选择性，也实现了双发射荧光，并且借助比率荧光成像法检测

1

到细胞内 Cu^{2+} 的浓度变化。考虑到半导体量子点对环境与生物的潜在危害,而碳纳米点(C-dots)具有出色的生物相容性和表面易于功能化的优点,本书研究将表面覆盖 SiO_2 壳层的 CdSe/ZnS 量子点与 C-dots 组装成纳米复合材料(CdSe@C),然后再与有机功能配体 AE-TPEA 耦合,制备了 Cu^{2+} 比率型荧光探针(CdSe@C-TPEA)。由于被包裹在纳米硅球核心,CdSe/ZnS 量子点既不受金属离子干扰,也能避免本身对细胞的毒性。基于该比率型探针良好的选择性、荧光稳定性和生物相容性,实现了基于碳纳米点复合材料的细胞内铜离子传感与荧光成像。为了更好地理解 Cu^{2+} 的动态平衡在某些生理病理过程中的作用,我们通过在石墨烯量子点(GQDs)表面修饰耐尔蓝染料(Nile blue A)和去铜超氧化物歧化酶(E_2Zn_2SOD),设计并合成了在双光子激发下具有双发射荧光的无机-有机功能纳米探针 GQD@Nile-E_2Zn_2SOD。由于 E_2Zn_2SOD 能够选择性地与 Cu^{2+} 重组后猝灭 GQDs 的蓝色荧光,而 Nile blue A 不受干扰,所以该纳米探针可以比率型荧光检测 Cu^{2+}。同时,基于该纳米复合材料优异的生物相容性和荧光稳定性,在实现双光子比率型荧光成像活细胞和组织切片不同深度的 Cu^{2+} 后,我们进一步研究了抗坏血酸处理细胞对去铜超氧化物歧化酶重组过程的影响。

目 录

第1章

绪　论

1.1　铜离子的研究

1.1.1　铜离子的研究意义

铜是人体内第三丰度的微量金属元素。不仅合成化学家利用铜离子催化合成不同的化学键[1-5]，在许多生理活动中铜离子也具有极其重要的作用。由于铜离子可以在合适的电位窗口进行氧化还原反应[6]，例如 Cu^{2+} 可以被细胞内丰富的抗氧化剂谷胱甘肽或者生理还原剂抗坏血酸所还原，也可以被广泛存在的双氧所氧化[7-8]，所以铜离子既可作为辅酶因子催化生化反应(酪氨酸羟基化与黑色素的形成)，也可以维持生物氧化平衡(通过超氧化物歧化酶催化降解超氧阴离子)[9-17]。

然而，细胞内铜的动态平衡发生紊乱与一些严重疾病存在某种关联[18-19]。例如，造成胚胎与神经发育受阻的门克斯病表现出铜流动受阻，而且门克斯病患者通常存活不到三年[20-21]。此外，与铜稳态失调有紧密关系的神经退行性疾病还包括阿尔茨海默症[22-23]、帕金森症[24-26]和淀粉样蛋白侧索硬化[27]。因此，细胞需要通过复杂的铜摄取、转运与储存机制严格控制细胞内的铜的水平与分布。

研究者通过生物化学方法已经了解细胞是如何获得、保持、重定向和释放铜离子,同时确定了在这些活动中所涉及的关键蛋白质[13,15,17-18,27,28]。但是关于高等真核细胞尤其是与脑、心脏、肠、肝组织相关的特定细胞是如何在亚细胞层次调节铜离子的浓度以及铜的动态平衡紊乱与衰老和疾病的关系的问题仍然没有理解清楚。因此,建立一种高选择性、高灵敏度并且可以原位实时地检测细胞内铜离子的分析方法,并进一步研究铜离子的动态平衡紊乱在疾病中的作用,对于生物学和医学的发展具有重要意义[29-30]。

1.1.2 铜离子的检测方法

检测铜离子的常见方法主要有分光光度法、原子吸收光谱法、原子发射光谱法、高效液相色谱法、络合滴定法、荧光光谱法、电化学法和电感耦合等离子体-质谱等。原子吸收光谱法和原子发射光谱法具有灵敏度高、选择性好、抗干扰能力强、应用范围广等优点,缺点是这些方法不能反映所测元素的价态。分光光度法是基于物质对光的选择性吸收而建立的分析方法,因此具有灵敏度高、操作简单、仪器价格便宜等优点。但是由于过渡金属离子之间的离子结构和离子半径差别不大,它们在分光光度法中容易彼此干扰。电感耦合等离子体-质谱法和高效液相色谱法具有仪器价格昂贵和样品前处理复杂等缺点。化学发光法选择性较差,不适于低浓度的生物样品的测定。电化学法主要有伏安法和极谱法,具有灵敏、快速和简单的优点。本研究课题组使用差分脉冲溶出伏安法在修饰有碳纳米点与金属离子配体的玻碳电极上实现了对 Cu^{2+} 的高灵敏、高选择性检测,并成功应用于鼠脑脊液中 Cu^{2+} 浓度的测定[31]。

针对生物试样中铜的分析,如果只需检测铜的含量或者浓度,可以采用高灵敏度的电感耦合等离子体-原子吸收光谱法或者电感耦合等离子体-质谱法,因为这些方法不能得到有关铜离子空间分布和形态的信息[32]。组织化学染色法可以分析部分氧化态铜的空间分布,但是这种方法制样繁琐,需要样本脱水,而且只能分析固定化的细胞和组织样本[33]。放射性铜同位素法具有非常高的信噪比和非常低的检出限。但是,细胞摄入^{67}Cu后会改变自身体系,而且^{67}Cu的半衰期较短(13.7 h),可能限制某些实验设计。以上这些分析方法都已应用于生物体系中铜的检测[34]。最近,研究者已把更多的目光投向可以检测活细胞、组织或者器官内Cu$^{+/2+}$的小分子荧光团、化学计量剂、基于蛋白质的荧光共振能量转移体系、基于纳米颗粒或者生物酶的传感器和磁共振成像造影剂。

1.1.3 铜离子的荧光分析法

过去二十年,荧光试剂得到极大的发展与应用,具有优异特性的金属离子荧光探针、标记物和传感器也得到了很大发展。虽然利用铜离子荧光探针进行活细胞成像将是研究铜的细胞生物学的一种强大工具,但是目前使用荧光探针检测生物体系的铜离子仍然面临许多困难。例如,在细胞质的还原性环境中,作为主要存在形态的Cu$^+$能够通过电子转移或者能量转移猝灭荧光,而且在水溶液中其容易转变为Cu^{2+}和Cu^0。而Cu^{2+}由于具有氧化还原性和d^{9}电子层结构,其在水溶液中特别容易猝灭荧光。

1.1.3.1 小分子Cu$^+$荧光探针

至今,已有三类螯合型荧光探针和一类化学剂量传感器能够荧光成像细胞内的Cu$^+$。例如,将吡唑啉发光单元与能够选择性螯合Cu$^+$的氮杂冠硫醚受体连接合成的CTAP-1荧光探针可用于细胞内Cu$^+$的传感[35]。在365 nm紫外光激发下,该传感器选择性识别Cu$^+$后其荧光强度增大4.6倍。与高浓度的Cu$^+$溶液共培养后,NIH3T3成纤维细胞内的CTAP-1荧光强度明显增强。通过细胞器共定位染色实验与X射线荧光显微镜表征出Cu$^+$主要分布在这种细胞的高尔基体与线粒体内。

与此同时,Chang课题组发展了激发发射波长均在可见光波长范围、

能够成像活细胞内 Cu^+ 的荧光探针 CS1[36-37]。该探针是由 BODIPY 荧光团与富含硫醚的受体构成,能够选择性识别 Cu^+ 后使荧光强度增大 10 倍。该探针不受生物体内其他金属离子(如碱金属、碱土金属和其他 d 区金属离子)的干扰,并且具有皮摩尔的键合常数($K_d = 3.6$ pM)。在共聚焦荧光成像活细胞(HEK 293T)实验中,该探针成功响应细胞内 Cu^+ 浓度的变化。使用可穿过细胞膜的 Cu^+ 螯合剂可以迅速降低细胞内的荧光强度,证明该荧光探针能够可逆地检测细胞内 Cu^+ 水平的变化。该探针已经被不同实验室用于研究铜表面的抗细菌和抗真菌功能,或者用于分析健康与疾病脑组织中金属离子的不同[38-40]。

尽管基于发光强度变化的荧光探针在分析检测中发挥重要作用,但是在复杂体系中探针浓度及其周围环境易受到干扰,从而导致直接检测活体内的生物小分子非常困难。而比率分析检测可以克服以上缺点,它是通过测定目标物存在前后两个特征信号的比值进行定量分析。Chang 课题组报道的比率型 Cu^+ 荧光探针(RCS1)可以检测细胞内 Cu^+ 水平的变化。RCS1 探针具有高的选择性,能够可逆地识别 Cu^+,并且在抗坏血酸处理鼠脑细胞或人肾细胞后该探针仍然能够检测到内源性 Cu^+ 水平的提高[41]。

1.1.3.2　基于蛋白质的 Cu^+ 荧光探针

蛋白质工程技术的发展为化学生物学家设计具有 Cu^+ 响应的荧光蛋白提供了工具。例如,将一个能够键合 Cu^+ 的结构域的融合蛋白(通常来自铜伴侣或者 Cu^+ 的转录因子)分别连接青色荧光蛋白与黄色荧光蛋白,当这个结构域螯合 Cu^+ 时,两个荧光蛋白之间的距离会发生改变,进而导致比率荧光发生变化。最近的数篇论文证明这类荧光探针可用于细胞内 Cu^+ 的灵敏检测。

Merkx 课题组巧妙地利用 Cu^+ 能够引发铜域的二聚,设计了由铜伴侣 Atox1 与铜外排蛋白 ATP7b 两种蛋白构成的功能蛋白,基于荧光共振能量转移原理,实现了 Cu^+ 的比率型荧光检测[42]。尽管该探针对 Cu^+ 有响应,但是探针-金属复合物会受到谷胱甘肽与 DTT 的干扰。另外,令人意想不到的是,该探针对 Zn^{2+} 的响应最好,所以最终被用于构建比率型的 Zn^{2+} 基因编码荧光探针。而 Wegner 课题组通过使用酵母转录因子(Amt1)连接青色荧光蛋白与黄色荧光蛋白,制备出了 Cu^+ 基因编码荧光探针[43]。该探针具有非常高的 Cu^+ 亲和力($K_d = 2.5 \times 10^{-18}$ mol/L),能够快速响应纳摩尔浓度变化的外源性铜,并且具有较大的荧光比率变化。随后,该课题组在另一个工作中利用 Ace1(铜过量时会激活的铜解毒基因)与 Mac1(铜缺乏时激活的基因)的铜键合域,构建了荧光共振能量转移对[44]。

1.1.3.3 反应驱动的 Cu^+ 荧光探针

最近几年,化学剂量传感器(化学剂量传感器进行非可逆的化学反应并伴有吸光度或者荧光的变化)逐渐受到关注。基于化学剂量传感器的荧光检测是利用分析物存在时可以催化某些化学反应发生,同时引起荧光团的吸光度或者发光特性发生变化的性质。这些化学反应既可以是简单的水解,也可以是猝灭基团的释放,抑或是复杂的金属催化成环反应导致分子共轭度增加与发光偏移。

Cu^+ 催化炔烃与叠氮化合物反应生成三唑是点击化学的基石,也是 Cu^+ 催化合成反应中最著名的一个应用[45]。Fahrni 课题组利用 Cu^+ 催化香豆素的炔烃残基与叠氮化合物发生反应,生成三唑引起香豆素荧光强度增强[46]。随后,Hulme 课题组利用相同的反应催化发光 Eu^{3+} 配合物与丹酰敏化基团之间成键。这个反应可以在微摩尔浓度的谷胱甘肽存在下进行,但是该反应还没有应用到细胞内[47]。

检测细胞内 Cu^+ 会受到高浓度的内源性螯合剂干扰,而化学剂量传感器可以在生理浓度的谷胱甘肽存在下选择性地检测 Cu^+,使得剂量传感器成为螯合型荧光探针的有益补充。例如,Taki 课题组利用苄醚键将三

［(2-吡啶基)-甲基］胺与还原型荧光素连接合成了新型的 Cu^+ 剂量传感器[48]。该剂量传感器先与 Cu^+ 螯合,然后再与氧反应生成活泼的铜-氧中间物,这个中间物会氧化降解苄醚键,释放出的双氢荧光素衍生物会被迅速氧化成绿色发光的荧光素分子。尽管上述反应是不可逆的,但是该剂量传感器的响应信号不受谷胱甘肽明显干扰,并且已成功用于细胞内 Cu^+ 的检测,从而进一步推动了 Cu^+ 荧光检测技术的进步。

1.1.3.4 猝灭型 Cu^{2+} 荧光探针

由于 Cu^{2+} 具有顺磁性,因此大部分 Cu^{2+} 荧光探针是猝灭型探针,即荧光探针识别 Cu^{2+} 后荧光团发生猝灭。最近一篇文章报道了猝灭型荧光探针被用于细胞内 Cu^{2+} 的检测[49]。该工作利用酰胺键将吡啶甲基与香豆素衍生物连接后构成了一个可以键合 Cu^{2+} 的口袋结构。Job 曲线和 X 射线晶体结构证明 Cu^{2+} 与探针之间是以 1∶1 配位导致荧光猝灭。该探针对其他 14 种金属离子无明显响应。细胞荧光成像实验证明在与 Cu^{2+} 共培养的 LLC-MK2 细胞内该探针能够通过荧光强度减弱的方式检测细胞内 Cu^{2+} 水平的升高。实际上,与增强型荧光探针相比,这种猝灭型荧光探针的时空分辨率相对不准,因为从明亮背景中的暗点得出相关结论比从黑暗背景的亮点更难。

1.1.3.5 基于萘的激基缔合物与单体间转换的增强型 Cu^{2+} 荧光探针

借助 Cu^{2+} 改变分子构象并增强分子荧光是克服 Cu^{2+} 猝灭荧光的一种策略。Spring 课题组使用一个哌嗪环将两个萘分子连接起来构成一个发光微弱的激基缔合物[50]。当激基缔合物键合一当量的 Cu^{2+} 时,两个萘单元的平面苯环会互相靠近,转变为荧光强度更强的"静态激基缔合物"。然后,"静态激基缔合物"会继续键合一当量的 Cu^{2+} 转变为单体构型,表现出与激基缔合物不一样的发光特性。作者根据激基缔合物与 Cu^{2+} 之间能够以 1∶2 的比例配位提出了三态机理。重要的是,在混合水溶液中只有 Cu^{2+} 可以诱导单体发光属性发生变化,因此该探针具有较好的选择性。唯一比较复杂的是"静态激基缔合物"的存在,导致反应中产生不同于单体的发光特性,但这种检测方法可以克服 Cu^{2+} 猝灭荧光的缺点。

1.1.3.6 Cu^{2+} 化学剂量传感器

虽然 Cu^{2+} 具有顺磁性,容易猝灭荧光分子。但是 Cu^{2+} 也具有强 Lewis 酸性,因此可以巧妙地利用化学剂量法荧光增强型检测 Cu^{2+}。早期关于 Cu^{2+} 催化水解的研究已经为检测的灵敏度和选择性奠定了基础。Czarnik 课题组报道了 Cu^{2+} 可以快速地选择性氧化水解罗丹明衍生物中的酰肼基,然后释放出发光的罗丹明分子[51]。该探针检测 Cu^{2+} 的检测限非常低,在几分钟内可以检测到 10 nmol/L Cu^{2+}。并且,该探针不受其他 26 种金属离子(包括碱金属、碱土金属、d 区金属和 f 区金属)干扰。尽管该工作发表于二十年前,但是能够运用 Cu^{2+} 诱导水解反应发展化学剂量法并且荧光增强型检测 Cu^{2+} 使得这个研究依然具有重要的意义。

受 Czarnik 课题组报道的 Cu^{2+} 化学剂量传感器的启发,过去二十年研究者合成了一系列有机荧光功能小分子[52-54],所有这些有机小分子具有一些共同的特征:一个罗丹明骨架分子通过一个酰肼键连接与腙键键合的受体分子;这些有机小分子螯合 Cu^{2+} 后会打开五环结构,然后生成具有强吸收与发射的罗丹明衍生物。但是因为所有这类化合物都靠腙键连接罗丹明骨架分子与受体分子,而腙键易受 pH 值的干扰,所以研究者需要仔细研究这类化合物由于水解带来的稳定性问题。

另一种有机荧光功能小分子利用 Cu^{2+} 催化硫缩醛的脱保护实现荧光增强型检测 Cu^{2+}[55]。当 Cu^{2+} 键合到环状硫缩醛的硫原子上时会促进其水解转变为醛,由于以上两种基团的吸电子特性差异很大,该探针可以通过分子内电荷转移原理实现 Cu^{2+} 的荧光检测。

Lu 课题组利用受 Cu^{2+} 影响的核酶剪切 DNA，报道了一种基于 DNA 的 Cu^{2+} 化学剂量传感器[56]。该传感器中两股 DNA 链组合一起：一股链在 3′ 端修饰上荧光素分子，另一股在 5′ 端修饰上荧光猝灭剂。当两股 DNA 链以互补的方式结合在一起时，在 5′ 端修饰的猝灭剂会猝灭荧光素的荧光。当溶液中的 Cu^{2+} 键合到 DNA 上时，核酶会不可逆地剪切 DNA 链，两股 DNA 链扩散开后猝灭效应随之消失。

1.1.3.7　基于纳米颗粒的 Cu^{2+} 传感器

研究者借助功能纳米颗粒分析检测多种目标物，这其中也包括金属离子。例如，利用 Cu^{2+} 猝灭荧光的属性发展了基于发光金纳米颗粒的 Cu^{2+} 传感器。Guo 课题组制备的谷胱甘肽修饰的发光金纳米颗粒可以测定低至 8 nmol/L 的 Cu^{2+}。更重要的是，使用 EDTA 可以完全恢复猝灭的荧光。这种分析方法比基于不可逆化学反应的化学剂量传感器具有一定的优势。

目前，Cu^{+} 响应型荧光探针已经发展到可以针对细胞成像的需要提供多个选择。但是，Cu^{2+} 响应型荧光探针的发展还远落后于 Cu^{+}，这个不是研究者的偏好，而是由于 Cu^{2+} 具有顺磁性容易猝灭荧光导致荧光检测方法复杂化。虽然一些文章巧妙地解决了部分难题，但还需进一步发展适合分析复杂生物体系内 Cu^{2+} 的荧光探针。

1.2　基于半导体量子点的荧光传感

荧光化学传感器是通过自身发光性质的变化检测目标分析物的存在。具有独特性能的荧光传感器为化学家提供了一种非常有用的研究细胞内分子的工具。一个荧光化学传感器可以简单地由一个荧光团和一个受体分子构成一能将分子识别过程转导为发光变化的有机体。荧光传感器的发光单元是其重要组成部分,目前已有有机染料、荧光蛋白和发光金属配合物应用于发光单元。然而,即使是最有效的发光材料也有一些缺陷,例如光漂白、发光强度弱、荧光寿命短等。另外,与细胞内生物分子的相互作用也是荧光成像和传感中遇到的困难。

量子点是纳米尺寸的半导体晶体,具有受尺寸控制的光物理特性[57-58]。此外,量子点的荧光强度非常强,可以抗光漂白。这些光学特性使量子点特别适合共振能量转移应用以及在同一激发波长下不同发射波长处的同时检测。

构建荧光化学传感器最简单、最直接的方法是把荧光团与受体分子直接连接在一起。然而,如果没有转导机制这种策略很少有效,因为受体识别目标分子后并不一定影响荧光团的发射,除非目标物本身是猝灭剂。但是这种猝灭型荧光传感器灵敏度也不高。量子点以其特有的发光属性能够利用这种方法构建荧光化学传感器。因为量子点的发光是由于光生电子-空穴对在其晶体表面的辐射复合引起的,所以当带电粒子如金属离子靠近量子点时会猝灭或者增强其荧光。这个概念使研究者可以非常简单地在量子点表面接上配体后组装荧光化学传感器。例如,Rosenzweig 课题组在 CdS 量子点表面修饰上多磷酸盐、L-半胱氨酸或者硫甘油构建了水溶性的金属离子荧光传感器[59]。所修饰的配体的属性能够极大地影响荧光传感器的选择性与响应类型。多磷酸盐修饰的量子点没有选择性,并且是猝灭型响应。硫甘油修饰的量子点对 Cu^{2+} 和 Fe^{3+} 具有选择性猝灭响应。而 L-半胱氨酸修饰的量子点能够选择性检测 Zn^{2+} 低至 $1~\mu mol/L$,并且具有增强型荧光信号。类似的传感方法已应用于其他分析物,如金属离子、阴离子和有机分子,甚至有些量子点的荧光可以直接被底物猝灭[60]。研究者通过在量子点表面修饰更加复杂的识别单元可以使量子点对某些有机分子具有选择性响应,如修饰上杯芳烃可以传感乙酰胆碱[60c],而修饰环糊精可以分辨氨基酸对映体[60a]。

　　除了调控量子点表面官能团，也可以利用经典的分子荧光传感机理，即借助从涂层分子到激发态量子点价带上的电子转移猝灭荧光。如果底物分子结合电子给体涂层分子，上述过程会被干扰，从而恢复荧光。已经有许多研究者利用该原理发展了量子点荧光传感器。Singaram 课题组将苯硼酸衍生的紫罗碱加入表面带羧基的量子点溶液中，由于静电作用紫罗碱与量子点相互靠近，然后通过光诱导电子转移机理使量子点的荧光猝灭[61]。当加入葡萄糖后，苯硼酸基团转变为葡萄糖-硼酸酯，同时减弱了猝灭分子与量子点表面的亲和力，导致荧光恢复。该传感器在 pH 7.4 的水溶液中能够检测 2～20 mmol/L 的葡萄糖。当量子点表面的官能团是氨基时，由于所带电荷与紫罗碱一样，猝灭效果会减弱。

　　Mareque-Rivas 课题组使用类似的原理发展了氰化物传感器[62]。通过在三辛基氧化膦修饰的 CdSe 量子点表面耦合 2,2'-联吡啶的含铜配合物，发生从激发态量子点到金属配合物的光诱导电子转移，使量子点荧光猝灭。而 CN⁻ 会从 2,2'-联吡啶的含铜配合物上置换出 Cu^{2+}，从而恢复量子点的荧光强度。

　　Santra 课题组在 CdS：Mn/ZnS 量子点表面修饰氮杂冠醚制备了 Cd^{2+} 荧光传感器，但是该探针的灵敏度是在毫摩尔级别，而且还受一些过渡金属离子干扰[63]。Callan 课题组在 CdSe/ZnS 量子点表面修饰上含尿素残基的二茂铁衍生物，因为尿酸残基螯合 F⁻ 后会改变二茂铁的还原电位，所以该探针能够检测 F⁻，其检测限达到 0.074 mmol/L[64]。

　　Benson 课题组基于光诱导电子转移机理巧妙地设计了一种单分子荧光传感器可以检测微摩尔浓度的麦芽糖[65]。作者将由麦芽糖结合蛋白和金属硫蛋白组成的嵌合蛋白与钌配合物耦合，然后再通过金属硫蛋白中的半胱氨酸残基将其连接到 CdSe 量子点表面。钌配合物可以通过光诱导电子转移过程猝灭量子点的荧光。如果有麦芽糖键合到麦芽糖结合蛋白，则可以引起嵌合蛋白发生构型变化，同时增加钌配合物与量子点的距离，因此阻止了光诱导电子转移过程,使量子点荧光强度恢复。

使用量子点进行荧光传感更多的还是基于荧光共振能量转移(FRET)原理[57]。最近,Chou 课题组在两种尺寸的 CdSe/ZnS 量子点表面修饰上 15 -冠- 5 -醚后实现了比率荧光分析 $K^{+[66]}$。由于两种量子点的发光属性适合作为荧光共振能量转移对,当 K^+ 存在时两种量子点借助冠醚以一种三明治的方式结合 K^+,此时发生荧光共振能量转移,发射光谱也随之变化。研究者基于荧光共振能量转移也发展了其他分析方法,总的思路是通过识别目标物调控量子点与其表面荧光染料分子之间的能量转移过程。而且,利用这种能量转移过程还可以发展比率分析方法。

分子信标(基于 DNA 杂交的荧光传感器)也是利用荧光共振能量转移原理进行检测。首先在量子点表面修饰上与目标链互补的 DNA 序列,然后将目标链标记上荧光染料分子,由于荧光染料分子的吸收光谱与量子点的发射光谱重合,当目标 DNA 存在并被杂交后,量子点与荧光染料之间会发生共振能量转移,导致量子点的荧光减弱,染料分子的荧光增强[57]。这种策略也被应用于基于金纳米颗粒的 DNA 探针,其中金纳米颗粒是作为猝灭剂[67]。

通过反向干扰共振能量转移过程即目标物置换出量子点表面连接的荧光团也可以发展新的分析检测方法。Mauro 课题组在 2003 年利用表面修饰麦芽糖结合蛋白的量子点发展了基于共振能量转移过程的麦芽糖荧光探针[68]。他们将修饰有非辐射染料的麦芽糖衍生物键合到麦芽糖结合蛋白后由于发生共振能量转移使量子点的荧光猝灭,当加入麦芽糖后可以置换出修饰有非辐射染料的麦芽糖衍生物,同时恢复量子点的荧光。随后,Goldman 课题组基于类似的分析原理在 CdSe/ZnS 量子点表面修饰上抗-TNT 的抗体,然后结合耦合有猝灭剂的 TNT 类似物发展了 TNT 传感器[69]。

Willner 课题组通过巧妙地置换并脱附 CdSe/ZnS 量子点表面染料标记的半乳糖衍生物或者多巴胺衍生物,干扰了体系原有的荧光能量共振转移过程,实现了比率型荧光检测半乳糖或者多巴胺[70]。该探针最低可以检测 5×10^{-5} mol/L 的半乳糖与 1×10^{-4} mol/L 的葡萄糖,也可以检测 1×10^{-6} mol/L 的多巴胺。

Mattoussi 课题组利用麦芽糖结合蛋白与麦芽糖作用后会发生形貌变化实现调控荧光共振能量转移[71]。他们先在麦芽糖结合蛋白表面修饰 Cy3 染料,然后将麦芽糖结合蛋白修饰到 CdSe 量子点表面。基于共振能量转移原理,量子点表面的 Cy3 染料在 300 nm 波长激发下荧光强度很强,而探针溶液中加入麦芽糖后 Cy3 染料与 CdSe 量子点的距离会增大,因此 Cy3 的荧光强度减弱。

调控荧光共振能量转移过程既可以通过改变供体-受体分子的距离实现,也可以通过识别目标物的过程中改变受体分子的吸收光谱完成。此时,由于量子点的发射光谱与受体分子的吸收光谱重合度增大或者减小,两者之间的荧光共振能量转移效率会增加或者减弱。Nocera 课题组将对 pH 敏感的 squaraine 染料修饰在聚合物包裹的 CdSe/ZnS 量子点表面[72]。当 pH 值小于 7.5 时,squaraine 染料的吸收光谱与 CdSe/ZnS 量子点的发射光谱重合度大,所以探针主要表现出 squaraine 的荧光;当 pH 值大于 7.5 时,squaraine 染料的吸收光谱发生蓝移,荧光共振能量转移效率下降,所以探针主要表现出量子点的荧光。这种比率型荧光分析为在复杂环境中检测 pH 提供了更准确的方法。

1.3　基于染料掺杂纳米颗粒的传感

如上所述,研究者基于量子点的优异属性已经发展了许多纳米探针。然而,这些量子点的传感原理来源于分子荧光探针,或者这些量子点只是代替有机荧光团。而掺杂染料的纳米颗粒传感器可以充分利用纳米材料表面的多位点属性发展更复杂的传感方法。

Kopelman 课题组合成的染料掺杂纳米颗粒传感器已用于活细胞内生物分子的检测[73-74]。这种纳米颗粒传感器可以把特定的分子荧光探针封装在水溶性的聚合物纳米颗粒里。由于纳米颗粒基底具有半渗透性和透光性,分析物可以与分子荧光探针发生作用并引起荧光变化。虽然传感机理与传统的分子荧光传感相同,但纳米颗粒传感器具有一些明显的优势。首先,将荧光传感单元包埋在纳米颗粒里可以减少其与蛋白质和生物膜的相互作用。其次,这种结构可以相对容易地实现复杂传感方法。例如,在纳米颗粒传感器的结构中加入参比荧光团实现比率荧光分析,或者使用离子载体/发色团组合实现高选择性。

Kopelman 课题组制备了掺杂有钌配合物和俄勒冈绿 488 染料的硅球。由于氧气可以强烈地猝灭钌配合物的荧光,而俄勒冈绿 488 染料不受影响,因此可以使用比率分析法检测氧气的浓度[75]。借助基因枪将这些荧光纳米颗粒导入细胞内,研究者成功测定了细胞质内氧气水平的变化。同一课题组采用相同的方法制备了掺杂铂卟啉与八乙基卟啉的发光有机硅球并用于细胞内氧气的传感,实现了更高的灵敏度、更宽的线性范围和能量更低的激发与发射波长[76]。

染料掺杂纳米颗粒也能用于其他目标物的分析检测。例如,Wiesner 课题组基于 pH 敏感型染料发展了核-壳型纳米硅球并实现了比率型荧光检测细胞内的 pH 值[77]。研究者将对 pH 不敏感的四甲基罗丹明共价修饰在硅球里,然后在外层硅中掺杂具有 pH 响应的荧光素染料。这种核-壳结构有利于传感染料与溶剂接触而与参比染料分开,从而提高分析的灵敏度。

Wolfbeis 课题组创造性地在染料掺杂纳米颗粒表面修饰上吸光度受 pH 值影响的聚苯胺外层膜,通过改变聚苯胺质子化残基的数量调控穿透导电聚合物膜的激发光强度[78]。选择吸收峰与发射峰均在聚苯胺等吸收点某一侧的掺杂染料,可以制备出发光随 pH 值变化的荧光纳米颗粒探针。

由于聚苯胺的 pK_a 在 7 附近,因此聚苯胺修饰的发光纳米颗粒特别适合生理环境中 pH 值的测定。

由于大多数阴离子选择性受体是利用氢键的作用,所以在水溶液中测定阴离子非常困难。另外一些阴离子传感器也因为碰撞猝灭荧光导致灵敏度偏低。纳米颗粒以其特有的属性能够克服某些分子荧光探针遇到的困难,研究者通过设计染料掺杂纳米颗粒发展了阴离子荧光传感器。Kopelman 课题组采用与离子选择性电极类似的原理制备了具有阴离子选择性的荧光纳米颗粒传感器[79]。该方法利用离子载体可以选择性地将 Cl^- 与 H^+ 同时提取到固体基质中,由于局域 pH 值发生变化,通过 pH 响应型荧光染料可以间接测定 Cl^-。作者将 Cl^- 离子载体与 pH 响应型荧光染料包埋进聚(甲基丙烯酸癸酯)纳米颗粒,然后加入离子添加剂维持离子强度不变。在生理 pH 值下该染料掺杂纳米颗粒分析 Cl^- 的检测限是 0.2 mmol/L,线性范围在 0.4~190 mmol/L。这些纳米颗粒也可以通过基因枪测定 C6 胶质瘤细胞中的 Cl^-。

Graefe 课题组通过在聚丙烯酰胺纳米颗粒中掺杂对 Cl^- 选择性响应的荧光染料光泽精与参比荧光染料磺酸基罗丹明制备了一种比率型荧光传感器[80]。借助转染试剂脂质体,纳米颗粒被导入中国仓鼠卵巢细胞和小鼠成纤维细胞内。尽管 Cl^- 对包埋后的光泽精的猝灭效率比对游离的光泽精降低了许多,但是比率荧光分析使该传感器更加准确可靠,其荧光强度比值不会因纳米颗粒传感器本身浓度的变化而变化。另外,染料掺杂纳米颗粒传感器还可以借助磁性内核实现传感器的回收与恢复或者增强灵敏度[81-82]。

1.4　发光碳点的研究

1.4.1　碳纳米点的介绍

与富勒烯、纳米碳管和石墨烯等碳纳米材料一样,最新发展的碳纳米点引起了极大的研究兴趣。这些表面经钝化处理过的含碳量子点(也称为碳点)拥有传统半导体量子点所具有的一些优点,如:受尺寸和激发波长调控的荧光发射、抗光漂白、易于功能化生物修饰。更重要的是碳点几乎没有毒性,制备原料丰富,合成过程简单,而且可以大批量地通过一步法从生物废弃物中合成。合成碳纳米点的方法也有许多种,包括简单的蜡烛燃烧、原位脱水反应和激光烧蚀等。

碳纳米点(C-dot)是新近发现的一类尺寸小于 10 nm 的准球形纳米颗粒[84-105]。作为一类新型量子点,碳纳米点在尤其需要考虑尺寸、成本与生物兼容性的应用中获得了极大地关注。有关这方面的研究在最近几年取得一些重要突破。

一般情况下,碳纳米点表面含有很多羧基,因此它们具有很好的水溶性,并且有利于后续修饰上各种有机分子、聚合物、无机物或者生物分子。同时,由于具有近似各向同性的形状、微小的尺寸、可功能化的表面,以及多种简单、快速、廉价的合成方法,碳纳米点在很多应用中具有可取代其他纳米碳材料的潜力与优势。更重要的是,碳纳米点有可能取代以有毒金属为原料的传统半导体量子点。考虑到半导体量子点对环境与生物的危害,研究人员正积极研究与制备低毒、环保、同时具有类似半导体量子点优异属性的碳纳米点,而部分碳纳米点已经应用于生物成像。

与碳纳米点的尺寸和表面功能类似的另一种碳纳米材料是纳米金刚石。研究者应该谨慎地区分开这两种碳纳米材料。纳米金刚石通常是由微型钻石研磨、化学气相沉积、冲击波或者爆炸等方法制备。它们由 98% 的碳和其他元素如氢、氧和氮构成,其内核是由 sp^3 杂化碳构成,而表面含有少量的石墨化碳。与纳米金刚石不同,碳纳米点表现出更多的 sp^2 杂化碳的性质,因此具有纳米石墨的特征(从这一点看,碳纳米点可能会被认为类似石墨烯量子点),并且含氧比率更高。由于其含氧量较高,有时它们也被称为含碳纳米点[85-86,105]。纳米金刚石在 569 nm 波长有强烈吸收,而在

700 nm 波长附近发光,它的荧光发射来源于其点缺陷特别是带负电荷的空缺氮位,而碳纳米点具有波长范围很宽的受激发波长调控的荧光发射。现在对于碳纳米点的发光本源还没有完全搞清楚,但有越来越多的证据表明该发光可能来源于其表面能量陷阱(可能需要也可能不需要通过有机分子钝化实现)的激子辐射复合过程。

1.4.2 碳纳米点的合成

碳纳米点的合成方法主要归为两类:top-down 和 bottom-up 方法。Top-down 方法包括电弧放电[84]、激光烧蚀[87-89,94-95,97-99]和电化学方法[91,100-102],是通过切割更大尺寸的碳材料合成碳点。Bottom-up 方法是利用小分子原料通过燃烧/加热法[85-86,90,93,96]、支持介质合成[85,92]或者微波方法[103]制备碳纳米点,通常这些碳纳米点表面会用硝酸氧化并进一步通过离心、透析、电泳或者其他分离技术纯化。

1.4.2.1 Top-down 方法

1. 电弧放电法

Scrivens 课题组在纯化由电弧放电煤烟所制备的单臂碳纳米管时发现了荧光碳纳米材料[84]。他们首先用硝酸氧化电弧放电处理过的煤灰。由于引入羧基官能团改善了该材料的亲水性,沉淀用氢氧化钠溶液提取后获得稳定的黑色悬浮液。然后,悬浮液经凝胶电泳分离会得到单臂碳纳米管、短的管状碳和碳纳米点,而碳纳米点可以继续分离为三个电泳带。经过不同截留分子量的过滤装置处理后得到的碳纳米点按照尺寸大小顺序分别呈现蓝绿色、黄色和橙色荧光。红外光谱分析确认有羧基的存在,更重要的是实验没有观察到多环芳烃的 C—H 面外弯曲振动吸收,因此排除了荧光发射来源于多环芳烃。元素分析得到碳纳米点含有 53.9%C、2.6%H、1.2%N 和 40.3%O。

2. 激光烧蚀法

最近,Sun课题组有目的地使用激光烧蚀法制备碳纳米点[87,89,94-95,97-99]。他们首先热压石墨粉末与水泥的混合物,通过烘烤、固化和退火的方法制备碳目标物[95]。然后利用一个Q开关Nd：YAG激光器在氩气携带水汽于1 173 K、75 kPa的环境下烧蚀碳目标物。接着在硝酸中加热回流12 h制备尺寸在3~10 nm的碳纳米点。在此阶段,碳点表面用二胺封端的聚乙二醇[12]或者聚(丙酰基氮丙啶-共-氮丙啶)[87]修饰,然后在水中透析纯化,最后通过离心制备出分散于上层清液中的碳纳米点[94]。另外一种类似的制备方法通过采用^{13}C粉末和更严格的控制可以合成^{13}C丰富的碳纳米点,其荧光量子产率可以达到20%(440 nm激发)[99]。

Hu课题组报道了将合成与表面钝化过程统一的一步合成法[89]。该方法利用Nd：YAG脉冲激光器照射通过超声辅助分散在二胺水合物、二乙醇胺或PEG$_{200N}$中的炭黑,经过两小时的激光照射后,借助离心沉淀碳粉末片段,而碳纳米点分散在上层清液。这些碳纳米点尺寸在3 nm,晶格间距在0.20~0.23 nm,类似于金刚石。然而,这些晶格间距也可能是石墨的(100)晶面。另一种类似的合成方法是利用激光照射分散在水中的碳粉末,再通过高氯酸/PEG$_{200N}$溶液加热处理72 h氧化与表面钝化碳纳米点。

3. 电化学法

Ding课题组首次采用电化学法合成碳纳米点[102]。他们在碳纸上利用化学气相沉积法使卷曲的多层石墨烯变成多壁碳纳米管,后续实验中发现了碳纳米点。这些多壁碳纳米管是设计作为工作电极的,采用铂丝作对电极、Ag|AgCl电极作参比电极,利用无氧处理的溶解有高氯酸四丁基胺的乙腈作为电解质,构成一个电解池。当在-2.0~$+2.0$ V之间以0.5 V·s^{-1}循环伏安扫描时,溶液颜色从无色变为黄色再变成深褐色,表明碳纳米点从多壁碳纳米管表面剥离溶于溶液中。通过蒸发乙腈回收碳纳米点,再经过透析去除多余盐。该方法制备的碳点尺寸是(2.8 ± 0.5)nm,其晶格间距

与纳米石墨一致，表现出受激发波长控制的荧光发射行为。扫描电子显微镜观察到循环伏安扫描后，多壁碳纳米管经过反应呈蓬松与卷曲状。作者提出了循环电位扫描时四丁基胺阳离子插入了多壁碳纳米管的缺陷中，然后导致多壁碳纳米管破裂释放出碳纳米点。这个解释可以通过使用 KCl 和 $KClO_4$ 作为电解质时不能反应合成出碳纳米点的实验证实。另外，如果没有多壁碳纳米管存在而只有碳纸时也不会产生碳纳米点。

庞代文课题组采用了另外一种电化学方法合成碳纳米点。他们采用石墨棒电极作工作电极，饱和甘汞电极为参比电极，铂丝作对电极，使用 0.1 mol/L NaH_2PO_4 溶液做电解质，在 3 V 条件下恒电位氧化石墨棒电极产生碳纳米点[100]。随着反应进行溶液颜色由无色转为深褐色。通过离心去除大颗粒，再利用不同截留分子量的离心过滤装置分离不同尺寸的碳纳米点得到了直径分别为 (1.9 ± 0.3) nm 和 (3.2 ± 0.5) nm 的碳纳米点。高分辨率透射电子显微镜表征碳纳米点具有石墨属性，其晶格间距是 3.28Å（与石墨的(002)晶面一致）。这些碳纳米点的发光受激发波长和尺寸控制。

池毓务课题组也通过电化学法合成出碳纳米点，该方法将石墨棒工作电极、铂网对电极和 Ag|AgCl 参比电极浸泡在 pH 7.0 的磷酸缓冲溶液中，通过在 $-3.0\sim3.0$ V 循环伏安扫描，溶液由黄色变为深褐色。高分辨透射电子显微镜观察到尺寸分别为 20 nm 和 2 nm 的两种碳点[102]。

通过水溶性离子液体辅助电化学氧化石墨也可以合成出包括碳纳米点在内的各种碳纳米材料。离子液体由大体积的非对称阳离子与弱配位的含氟阴离子组成。离子液体具有不挥发、不可燃、高热稳定、离子导电、宽液态范围与宽的电化学窗口。在离子液体辅助电化学氧化石墨合成碳点过程中有三个重要阶段。在起始阶段，溶液颜色变深，含氧自由基氧化石墨释放出碳纳米点。氧化反应初始发生在石墨边缘点、晶界或者缺陷处，导致外围石墨层打开。上述反应促进了第二阶段含氟阴离子嵌入阳极，导致石墨阳极的去极化与膨胀。在这一阶段主要产生尺寸大约为 $10\times$

60 nm 的发光纳米带。第三阶段会从阳极剥离下更大的膨胀层，形成黑色的浆料。产生的碳纳米点与纳米带通过高分辨透射电子显微镜表征都具有石墨属性[91]。

1.4.2.2　Bottom-up 方法

1. 燃烧/加热法

来自无味蜡烛或天然气燃烧生成的煤烟也可以用来简单合成碳点[90,93,96]。Mao 及其合作者首次利用一块铝箔或者玻璃板放在一个燃烧蜡烛的上方收集煤烟，与 5 mol/L HNO_3 混合后加热回流 12 h 氧化纳米颗粒表面。降温后用离心或者透析回收碳点，再用聚丙烯酰胺凝胶电泳分离。与 Xu 等的实验结果类似[84]，碳纳米点的电泳迁移率与其荧光颜色相关联：迁移越快的碳点发射波长越短。AFM 表征碳纳米点的高度大约为 1 nm。从 ^{13}C NMR 光谱实验结果得到三类碳信号：外围 C=C 键，内部 C=C 键以及 C=O 键。重要的是，没有发现 sp^3 杂化碳存在的证据。纯化后的碳纳米点其组成（36.8%C，5.9%H，9.6%N，44.7%O）与原始蜡烛的成分（91.7%C，1.8%H，1.8%N，4.4%O）不同，由于表面羧基的存在使得碳纳米点的含氧比率较高。碳纳米点的溶解度大概是 30 mg/mL（水）、18 mg/mL（乙醇）、20 mg/mL（二甲基甲酰胺）和 41 mg/mL（二甲基亚砜）。该碳纳米点的荧光发射受激发波长和 pH 值控制，最大发射波长在 415～615 nm 范围，并且随发射波长红移发射带会逐渐变宽。有趣的是，与其他合成方法通过表面钝化试剂使其发光不同，该方法不需要表面钝化试剂处理。

Ray 等借鉴蜡烛燃烧的方法也合成出碳纳米点[93]。蜡烛燃烧的煤烟与 5 mol/L HNO_3 加热回流反应 12 h 后往溶液中加入丙酮，在 14 000 r/min 离心 10 分钟使碳纳米点沉淀。通过混合溶剂（水/乙醇/氯仿）与高速分步离心相结合的方法分离不同尺寸的碳纳米点。经过 8 000 r/min 离心处理过的上层清液含有尺寸在 2～6 nm 的碳纳米点。在更低速度下离心得到沉淀含有尺寸在201～350 nm的碳纳米材料。实验发现2～6 nm的碳纳米点具有石墨化属性,并且与较大尺寸的碳纳米材料相比具有更大的荧光量子产率。

Chen等使用天然气燃烧产生的煤灰合成碳纳米点[96]。他们将玻璃烧杯倒扣在天然气燃烧器的火焰上方,收集得到大约100 mg的煤烟,然后在5 mol/L HNO_3中加热回流反应12 h,再经过离心与透析处理得到直径为(4.8±0.6)nm的碳纳米点。这种碳纳米点也不需要表面钝化处理发射荧光,其最大吸收和最大发射波长在310 nm和420 nm。高分辨率透射电子显微镜实验观察到与sp^2石墨碳(102)、(006)、(104)、(105)晶面相一致的衍射峰(0.208 nm、0.334 nm、0.194 nm和0.186 nm)。^{13}C NMR光谱和红外光谱实验证实sp^2石墨碳和羰基或羧基的存在。因此这种碳纳米点是由纳米石墨核与修饰有羧基或羰基残基的表面构成。有趣的是,与蜡烛燃烧得到的碳纳米点不同,该碳点中不存在N元素。

Giannelis及其合作者使用一步法热解低温熔融高分子前驱体制备亲水性或者亲油性的表面钝化的碳纳米点[86]。通过仔细选择碳源以及表面修饰物,该方法可以合成表面精确功能化、形貌与物理性质可调的碳纳米点。他们采用两种方法制备两种性质的碳点,两者尺寸都小于10 nm,呈单分散状。第一种方法使用柠檬酸铵盐作为分子前驱体,柠檬酸根离子提供碳源,铵离子作为稳定剂,其性质决定了碳纳米点的亲水性。如亲油性碳纳米点是在573 K的空气中煅烧柠檬酸十八烷基铵2 h合成,然后用丙酮和乙醇洗,最后干燥。而亲水性碳纳米点是在聚四氟乙烯内衬的不锈钢反应釜里573 K加热柠檬酸聚乙二醇铵2 h制备。第二种方法使用4-氨基安替比林作为分子前驱体在573 K的空气中煅烧2 h,然后溶于三氟乙烯,加入水使其沉淀,再用乙醇洗几遍。第一种方法制备出近乎圆形尺寸的碳纳米点。XRD实验结果观察到亲油性碳点含有高度无序碳及密集分布的烷基链,亲水性碳纳米点具有更多的无定形结构。4-氨基安替比林为分子前驱体的碳纳米点具有更不规则的外形,其尺寸在5～9 nm。XRD实验结果观察到碳点含有高度无序碳及密集分布的烷基链。所有这些碳纳米点的荧光发射受激发光控制。

Giannelis 及其合作者另外报道了使用柠檬酸质子化 11 -氨基十一酸钠的氨基,然后直接在 573 K 的空气中煅烧 2 h[85]。合成的碳纳米点尺寸在 10～20 nm,其含碳内核尺寸在 5～10 nm,厚离子层形成带电外环。这种碳纳米点的主要特点是外层修饰的 Na^+,可以通过离子交换调控诸如水溶性等功能。例如,在低 pH 值(大约 2)时,碳纳米点会发生沉淀,而与十六烷基三甲基铵阳离子交换会生成溶于四氢呋喃的亲油性碳纳米点。

2. 支持介质方法

另一种 bottom-up 方法是在支持介质上合成碳纳米点。这种方法可以在高温条件下阻止纳米颗粒聚集并原位生长碳纳米点。

Li 课题组使用表面活性剂修饰的硅球作为基底合成碳纳米点[92]。首先,在硅球表面修饰上两亲性三嵌段共聚物 F127,然后再组装上碳的前驱物(苯酚/甲醛树脂,M_w<500)进行聚合反应。共聚物 F127 起到固定苯酚/甲醛树脂的作用,从而保证聚合反应在二氧化硅硅球表面而不是溶液中发生。最后将复合物在氩气氛围下 1 173 K 加热 2 h 生成 C-dot/SiO_2 复合物。借助 2 mol/L NaOH 溶液蚀刻硅球释放出碳纳米点。此方法制备出的碳点具有无定性结构(包含 sp^2 和 sp^3 杂化碳),尺寸在 1.5～2.5 nm,元素构成为 90.3％C、1.4％H 和 8.3％O。通过在 3 mol/L HNO_3 溶液中加热回流 24 h,然后中和并透析反应后的溶液可获得羧基功能化的碳纳米点。该纳米点通过超声与二胺封端的低聚乙二醇(PEG_{1500N})形成均相溶液,随后在 393 K 下加热 72 h 使其表面钝化。

Giannelis 课题组采用 NaY 分子筛作为基底合成碳纳米点[85]。NaY 分子筛首先与 2,4 -二氨基苯酚二盐酸盐发生离子交换,然后在空气中 573 K 下加热 2 h。由于离子交换主要发生在分子筛表面,因此氧化反应后在分子筛表面生成碳纳米点。随后借助氢氟酸蚀刻分子筛释放出尺寸为 4～6 nm

的与无支持介质方法合成碳点发光特征类似的碳纳米点。

3. 微波方法

微波裂解法也是一种合成碳纳米点的简便方法。Yang 课题组报道了将 PEG 与糖类(例如葡萄糖、果糖)混合溶于水,然后在微波炉中以 500 W 功率加热 2~10 min[103]。溶液颜色从无色变成棕褐色再变成黑褐色。收集到的碳纳米点的尺寸与荧光发射与反应时间有关。反应时间越长,碳纳米点发光波长红移,其尺寸稍微变大。比如,反应 5 min 和 10 min 后得到的碳纳米点尺寸分别是(2.75±0.45) nm 和(3.65±0.60) nm。如果反应时没有加入 PEG_{200N},溶液颜色变化与上述类似,但是合成的碳纳米颗粒表面没有被钝化修饰,并且发光微弱没有规则性。

最近,Peng 和 Travas-Sejdic 发展了另一种使用糖类合成碳纳米点的简单方法[106]。碳水化合物先用浓硫酸脱水形成尺寸较大的碳材料。这些碳材料再经 2 mol/L HNO_3 回流加热破裂为碳纳米点。冷却后,加入 Na_2CO_3 中和并用真空干燥溶液。然后,通过透析实验取出大量盐。这些未被钝化处理的碳纳米点尺寸在 5 nm,具有微弱的荧光。红外光谱表征该材料具有 C=C 键和 C—H 键。最后,碳纳米点与 4,7,10 -三氧- 1,13 -十三烷二胺、亚乙基二胺、油胺或者 PEG_{1500N} 在氮气氛围中 393 K 下加热 72 h,使其表面钝化。透射电子显微镜表征得到碳纳米点的晶格间距与乱层铜接近。平行 X -射线衍射光谱实验发现有一对应石墨(002)晶面的衍射峰。

1.4.2.3 碳点纳米复合物

孙亚平报道了利用 ZnO 或者 ZnS 掺杂或者包覆激光烧蚀石墨制备的碳点[94]。该方法先将碳纳米点分散在 2.6 mol/L HNO_3 溶液中回流加热 12 h,通过透析和离心去除较大颗粒,保留上清液后蒸发溶剂得到氧化型碳纳米点。然后,在剧烈搅拌下往分散在二甲基甲酰胺里的碳点溶液中加入乙酸锌,逐滴加入氢氧化钠后,离心得到氧化锌/碳点复合物(ZnO/C-dots)。

最后,将 ZnO/C-dots 水洗、真空干燥和退火处理。ZnS/C-dots 复合物采用类似的方法合成。热重分析得出 C/ZnO,C/ZnS 的摩尔比是 20:1 和 13:1。两者中 ZnO 和 ZnS 都没有完全覆盖碳纳米点表面,留有活性位点能与 PEG_{1500N} 继续反应。有趣的是,基于锌材料表面覆盖的碳纳米点比没有覆盖的碳纳米点荧光量子产率要高,但是两者都需 PEG_{1500N} 钝化碳纳米点表面才能发光。

Chen 等发展了一种在碳纳米点表面还原金属盐的方法制备金属/碳纳米点复合物(Metal/C-dots)[96]。键合在碳纳米点外层羧酸基团上的金属离子被抗坏血酸还原为零价金属后逐渐组装成纳米金属。制备的纳米复合物比初始碳纳米点大得多,尺寸从 5 nm 增大到 16~20 nm。该纳米复合物是碳点修饰在金属纳米结构外层,纳米金属在碳基底中形成的链状结构。

1.4.2.4 碳点表面功能化

通过电弧放电方法从单臂碳纳米管中分离出的碳纳米点表面含有羧基官能团[84],其他通过电化学氧化石墨[102]、或者化学氧化蜡烛烟灰[93]制备出的碳纳米点表面也有羧基官能团存在,这些官能团使碳纳米点具有水溶性,不仅有利于生物相关的研究,而且为后续表面功能化提供了一个简易的平台。

通过使用不同的表面修饰试剂,碳纳米点也可以溶于非水溶剂,并且调控碳纳米点的发光特性。比如,采用氨基封端的试剂,通过形成酰胺键实现碳纳米点表面的钝化修饰。另外,有些方法可以在一步合成碳纳米点的过程中引入表面官能团分子,而不需要后续修饰步骤[85-86,89,91]。

1.4.3 发光碳点的性质

1.4.3.1 结晶属性与杂化

通过一步激光烧蚀/表面钝化法制备的碳纳米点的选区电子衍射实验

观察到有衍射环[89]，并且环半径的平方的比值是 3：8：11：16：19，这与金刚石的(111)、(220)、(311)、(400)、(331)晶面一致，说明该碳点具有类似金刚石的结构。并且，无论在 PEG_{200N} 或是水中合成碳点，都得到一样的结构特征。它们的晶格间距是 0.20～0.23 nm，这实际上也与石墨的(100)晶面非常接近。我们注意到，金刚石碳与石墨碳的衍射平面的晶格条纹非常接近，这使得没有其他证据存在时，明确界定结构归属比较难。不幸的是，这种碳纳米点的碳杂化形式或者组成没有进行研究。

类似的，Ray 报道了通过氧化蜡烛的烟灰所制得的碳纳米点的晶格间距是 0.208 nm，也反映出存在 sp^3 杂化的金刚石型碳或者 sp^2 杂化的石墨型碳两种可能[93]。通过 ^{13}C NMR 研究，确认有 sp^2 杂化碳的存在，但没有检测到 sp^3 杂化碳。红外光谱表征证明有芳香环性质的 C=C 伸缩振动吸收，因此，他们制备的碳纳米点具有石墨碳纳米核，外表修饰有羧酸或者羰基残基。

电化学氧化多壁碳纳米管制备的碳纳米其晶格间距是 3.3 Å，这与石墨化碳的(002)晶面接近[102]。拉曼光谱表征出 sp^2 杂化碳与无序碳两种碳结构。类似的，电化学氧化石墨制备的碳纳米点的晶格间距在 3.28 Å[100]。在水-胶束离子液体中如果含水量较高，电化学氧化石墨制备的碳纳米点的晶格间距在 0.21～0.25 nm 之间，对应于石墨碳的(100)晶面；而如果含水量低于 10%，其晶格间距在 0.33 nm[91]。

使用一步法热解柠檬酸盐制备的碳纳米点经 XRD 实验表征其含有高度无序碳及密集分布的烷基链[86]。来自柠檬酸十八烷基铵合成的碳纳米点具有两个相互叠加的反射峰：一个来自无定形碳中心，一个来自十八烷基链。

拉曼光谱实验表征激光烧蚀法制备的碳纳米点时观察到 sp^2 杂化碳(G 带，1 590 cm^{-1})和 sp^3 缺陷(D 带，1 320 cm^{-1})，而用高分辨透射电子显微镜观察到无定型碳[94]。对于采用电化学法[91,102]和氧化蜡烛烟灰方法[93]制备的碳点,拉曼光谱也显示有 D 带和 G 带。D 带和 G 带的强度比值可以反应碳点的结构信息。

综上所述,碳纳米点由无定型碳或者主体为石墨碳的纳米晶构成;其晶格间距与石墨型或者无序型一致。如果没有特别修饰,氧化的碳纳米点表面含有羧基官能团,根据合成方法的不同其含氧量在 5%～50% 之间分布。

1.4.3.2 光学特性

1. 吸收和发光

碳纳米点在紫外光区有较强吸收,其吸收会延伸至可见区。一步激光/钝化法制备的碳点的激发边缘在 280 nm。通过电化学氧化多壁碳纳米管制备的碳纳米点在 270 nm 处有一吸收带,其半峰宽是 50 nm[102]。微波法合成的碳纳米点的吸收半峰宽也是 50 nm,只是其吸收带在 280 nm[103]。

碳纳米点最重要的光学特性是其发光行为。由于碳纳米点的研究工作刚起步,关于它们发光本源的争论还在继续。以上研究的碳纳米点大都有一个共同的特性,它们的发射波长和强度受激发波长控制。这种现象是由于碳纳米点的不同尺寸引起的(量子效应),还是由于碳纳米点表面不同的发射能阱或者其他机理至今还没有定论。类似的问题诸如为什么有些方法制备的碳纳米点需要表面钝化才能发光还不能完全理解。这些碳纳米点的荧光光谱范围比较宽,并且随激发波长变化而变化。

这种荧光光谱行为类似于硅纳米颗粒,可能既有不同纳米尺寸也有单个碳纳米点上不同发射点分布作用的结果。孙亚平认为碳纳米点发光是由于其表面钝化后发光能量陷阱被量子限制在碳纳米点表面[95]。这个机理解释类似于硅纳米颗粒的发光来源于激子辐射复合[106]。另一方面,孙亚平合成的碳纳米点表面先修饰上 ZnO 或者 ZnS 后也需要表面钝化处理才能发射荧光[94]。但是,通过氧化天然气烟灰合成的碳纳米点与金属的纳米复合物则不需要表面修饰即可发光,只是激发和发射波长比裸碳点红移

大约 30 nm[92]。

　　另一种激光烧蚀/钝化法制备的碳点也需要表面钝化处理才能发光[89]。如果碳点是在水中合成,其表面只有甲基和一些羧基残基存在,重要的是没有荧光产生。即使继续使用高氯酸氧化上述碳点表面生成更多的羧基基团也只有很弱的荧光产生。只有后续使用 PEG_{200N} 钝化碳纳米点表面,才能恢复荧光强度。实验发现增大 PEG 的分子量会使最大激发与发射波长红移;而使用两种不同的原料(炭黑与石墨)并不会产生性质差异很大的碳纳米点。这种合成方法制备的碳纳米点其荧光是否受激发波长影响没有被研究。

　　电化学氧化多壁碳纳米管制备的碳纳米点(2.8±0.5)nm 在 365 nm 激发下发出蓝色荧光,其发射峰在 410 nm[102]。这种碳纳米点的荧光也受激发波长控制,但是不需要碳纳米点表面进行修饰钝化就能发光。只是还不确定该方法中四丁基铵离子是否起到钝化分子的作用。另一篇采用电化学法合成碳纳米点的发光也不需要表面钝化,只是没有报道其荧光是否受激发波长影响[101]。

　　类似的,通过氧化蜡烛烟灰制备的碳纳米点表面含有大量的羰基,其荧光发射也不需要继续钝化处理[90,93]。尽管经过电泳分离后,不同碳纳米点的荧光激发光谱变化不大,但是其荧光发射光谱会有差异。对于电泳分离实验,还不清楚是因为碳纳米点的尺寸还是由于其表面电荷不同使碳纳米点得到进一步分离。分离后的碳纳米点的荧光光谱范围比较宽,其荧光发射峰波长在 415～615 nm。随着荧光发射红移,碳纳米点的发射光谱变宽,这可能是由于分离不充分导致的。

　　借助二氧化硅表面生长的碳纳米点需要在碳纳米点表面修饰钝化才能发光,其荧光受激发波长调控[92]。通过微波裂解糖类与 PEG_{200N} 的水溶液合成的碳纳米点的荧光发射也与激发波长有关[103]。采用高含量水-离子液体体系辅助电化学氧化石墨制备的 8～10 nm 尺寸的碳纳米点在 260 nm

激发下荧光发射峰在 364 nm。然而,如果降低水的含量(<10%),制备的 2~4 nm 尺寸的碳纳米点表面会修饰有离子液体,并且具有比大尺寸纳米点更高的量子产率(2.8%~5.2%)。有趣的是,大尺寸的碳纳米点荧光发射峰在 364 nm,而小尺寸的在 440 nm,这与基于量子限制效应得到的结论相反。而且,离子液体修饰的碳纳米点的荧光发射较宽,没有特征结构,而尺寸更大的没有离子液体修饰的碳纳米点的荧光光谱具有显著的特点。以上说明碳点表面化学对荧光光谱具有显著影响。另外,碳点表面化学对荧光量子产率也有影响。

通过激光烧蚀法制备的碳纳米点表面修饰 PPEI-EI 后的量子产率比修饰 PEG_{1500N} 低[95]。如果去除 PPEI-EI 再修饰上 PEG_{1500N},碳点的荧光量子产率会恢复。另外一种碳点表面覆盖有 ZnO 和 PEG_{1500N} 时,量子产率会显著增高到 45% 和 50%[94]。尽管基于锌材料的表面覆盖在提高量子产率方面的作用还不清楚,但是有可能是其提供了更有效的表面钝化的结果。而 C-dots/metal 纳米复合物的荧光量子产率同样比通过氧化天然气烟灰制备的初始碳纳米点高[96]。某些表面只有羧基官能团的碳纳米点其荧光量子产率是 6.4%[102]、1.2%[100]、0.8%[90]、1.9%[90] 和 0.43%[96],这些数值通常比采用有机大分子钝化的碳纳米点的量子产率低。

目前研究的碳纳米点一般具有高的光稳定性[95,100,105]。激光扫描共聚焦显微实验中碳纳米点经过连续几个小时的激发没有发现光闪和明显的发光强度降低[95]。因此,碳纳米点在氙灯(8.3 W)的连续照射下也没有明显变化[100]。另一种方法合成的碳纳米点经过 19 h 连续照射后只有 17% 的荧光降低[105]。

激光烧蚀/钝化法制备的碳纳米点在 407 nm 激发下,其荧光辐射衰减服从多指数函数,并且在 450 nm 发射波长处平均激发态寿命是 5 ns,在 640 nm 发射波长处平均激发态寿命是 4.4 ns[95]。由于存在多指数属性的荧光衰减,说明在碳纳米点表面有不同的发射位点。

C-dots、ZnO/C-dots、ZnS/C-dots 在红外区双光子激发下有强的荧光发射,其双光子吸收截面能与已报道的半导体量子点媲美[87,94]。在飞秒脉冲钛-蓝宝石激光器于 800 nm 激发时,碳纳米点发光强度与激光功率的二次方成正比证明碳纳米点能够吸收双光子并发射荧光。碳纳米点的吸收截面在 800 nm 达到(39 000±50 000)GM,这在 CdSe 量子点(780～10 300 GM)[107]与 CdSe/ZnS 核-壳型量子点(≈50 000 GM)[108]的吸收截面之间。修饰在玻璃基底上的碳纳米点的双光子荧光光谱与单光子荧光光谱的带宽类似,但比水溶液中碳纳米点的单光子荧光光谱明显偏窄。这个结果说明碳纳米点的固定会引起其荧光发射行为的改变。C-dots、ZnO/C-dots、ZnS/C-dots 都成功应用于双光子荧光成像细胞。

2. 光诱导电子转移与氧化还原属性

由激光烧蚀法制备的碳纳米点也是良好的电子给体和电子受体[97]。它们在甲苯中的荧光发射会被电子受体 4-硝基甲苯(−1.19 V versus NHE)与 2,4-二硝基甲苯(−0.9 V versus NHE)猝灭,计算相应反应的 Stern-Volmer 猝灭常数分别为 38 M^{-1} 和 83 M^{-1}。由于碳点的多指数荧光衰减,与 4-硝基甲苯或者 2,4-二硝基甲苯的平均双分子反应速率常数 k_q 分别是 $9.5×10^9$ M^{-1} • s^{-1} 和 $2.1×10^{10}$ M^{-1} • s^{-1},这要超过溶液中猝灭速率的上限,说明既有静态猝灭也有高效的电子转移过程发生。如果考虑静态猝灭,这些猝灭速率常数相对于动态猝灭来说也很高,处于受扩散控制的极限,因此证明碳纳米点是高效的电子给体。

另一方面,碳纳米点也可以是强电子受体,它的荧光可以被电子给体 N,N-二乙基苯胺猝灭。该过程受溶剂性质控制:极性越强,猝灭越强,说明是电子转移猝灭机理。

1.4.3.3 细胞毒性

多个课题组已经开展关于碳纳米点毒性的研究,虽然数量不是很多,但结论似乎都是毒性不大[93,98-99]。例如,Ray课题组检测了人肝癌细胞系HepG2暴露于碳纳米点后的活性。氧化蜡烛烟灰制备的碳纳米点(0.1～1 mg/mL)与HepG2细胞共培养24 h后,采用MTT与Trypan Blue检测法测定细胞活性。当碳纳米点浓度低于0.5 mg/mL时,细胞活性大于90%。当碳纳米点浓度大于0.5 mg/mL时,细胞活性降低到大约75%。但是细胞活性实验中使用的碳纳米点浓度要比生物成像实验中的实际浓度高100～1 000倍,因此可以认为碳纳米点在生物成像时对细胞具有非常小的毒性。孙亚平课题组也采用Trypan Blue与MTT法检测了人乳腺癌细胞MCF-7和人结肠癌细胞HT-29暴露于碳纳米点后的细胞死亡、细胞增殖与细胞活性[98-99]。它们的实验结果与Ray课题组报道的类似[93],碳纳米点的浓度在0.1 mg/mL时细胞活性仍大于80%。Zhao课题组报道了电化学氧化法制备的碳纳米点(0.4 mg/mL)与人类肾细胞(293T)共培养后细胞活性仍保持在80%以上[100]。

孙亚平使用CD-1小鼠研究了碳纳米点的体内毒性[99]。分成三组的小鼠通过静脉注射8 mg C-dots、40 mg C-dots(5 nm尺寸,$PEG_{1 500N}$钝化)和0.9%NaCl水溶液(无毒空白)。经过1 d,7 d和28 d暴露后,将小鼠处死,其血液和器官被用于毒理化验。经过四周后,小鼠没有表现出任何不良的临床症状或异常的食物摄入。暴露于不同剂量碳纳米点以及盐的小鼠的肝功能指标、肾功能、尿酸、血中尿素氮、肌酐均处在相似的水平,从而表明在碳纳米点即使在暴露水平和时间都超出通常用于体内光学成像研究的条件下毒性依然很小。检测的器官也没有表现出异常或坏死。虽然肝脏和脾脏中发现的碳纳米点高于其他器官,但是积累相对较小,而且没有任何器官发生损害。

以上实验结果都证明碳纳米点应用于体内和体外成像具有巨大的潜力。尽管还需要经行其他的生物毒理试验,如半致死量(LD_{50})等,但研究人员预测其毒性与美国FDA批准使用的染料吲哚菁绿($LD_{50}=60$ mg/kg

body weight)一样低[99]。

1.4.4 发光碳点的生物成像

CdSe 量子点及其核-壳型纳米颗粒已应用于体外和体内的光学成像[108-110]。然而,由于存在重金属,人们担心它们可能引起健康和环境问题[109]。碳纳米点以其光学特性和低毒性为生物成像应用提供了一种非常好的选择。

孙亚平课题组首次报道了碳纳米点的生物成像功能,随后其他研究组又有多篇工作报道[87,95,98-99]。孙亚平课题组也利用 PPEI - EI 钝化的碳纳米点在 MCF - 7 细胞中进行了双光子成像,在 800 nm 激光脉冲辐射下,细胞膜与细胞质区域有较强的荧光发射[87]。另外,细胞摄取碳纳米点受温度控制,在 277 K 时碳点不被细胞摄入。有趣的是,碳纳米点很可能是通过内吞途径进入细胞,但是它们不容易渗透细胞核。

Ray 课题组也利用碳纳米点实现生物成像艾氏腹水癌细胞[93]。Liu 课题组使用激光扫描共聚焦显微镜观察到大肠杆菌和小鼠 P19 组细胞摄入碳纳米点。这些碳纳米点可以在 458~514 nm 范围内被激发发射荧光,荧光稳定、无光闪,具有很低的光漂白现象[92]。

体内荧光造影剂应该满足发光强度大、无毒、具有生物兼容性、抗光猝灭。表面修饰 $PEG_{1\,500N}$ 的 C-dots 和 ZnS/C-dots 通过三种途径注入(皮下注射、皮内注射和静脉注射)雌性 DBA/1 鼠。两种碳纳米点可以通过 470 nm 和 545 nm 的滤光片被激发。在注射 24 h 后,碳纳米点的荧光猝灭。经前下肢皮内注入后,类似 CdSe/ZnS 量子点,碳纳米点迁移到腋窝淋巴结,可能由于 PEG 修饰减小了碳纳米点与淋巴结细胞的作用,碳纳米点在体内的迁移速度相对较慢。当通过静脉注射进行全身循环研究时,在膀胱处可以检测到碳点的荧光发射,注射 3 h 后,在尿液中检测到碳纳米点。注射 4 h 后,在组织器官中有碳纳米点,并且在肾脏和肝中有富集。尽管纳米颗粒和纳米管通常会有明显的肝吸收[111],但由于碳纳米点表面修饰的 PEG,使得碳纳米点在肝中的水平比较低。

1.4.5　石墨烯衍生化的发光碳

石墨烯及其衍生物虽然研究还不多,但是具有光学应用的潜能。许多理论研究预测足够小的石墨纳米带在可见光区会有一直接带隙[112-113],然而这种微小尺寸引起的效应还没有报道。作为一种零间隙的半导体,石墨烯通过某种方法被氧化后可以发出荧光。2008 年,Dai 及其合作者报道了主要来自单层的纳米石墨氧化物(NGO)在可见及近红外区具有荧光发射[114]。将六角形 PEG 分子共价修饰到纳米石墨氧化物表面(NGO - PEG),由于环氧基团的打开以及脂类的水解,导致肉眼可见的荧光减弱。令人惊讶的是,通过密度梯度超速离心法得到的不同尺寸的 NGO - PEG 之间具有相似的光学与发光特性。由于没有明显的量子限制效应,与碳纳米点不同,纳米石墨氧化物的发光可能来自局域共轭芳香域。通过在 NGO - PEG 表面耦合上对 B 细胞特异性的抗体,研究人员发展了一种基于纳米石墨氧化物的近红外荧光探针用于选择性识别与成像 Raji B 细胞。有趣的是,纳米石墨氧化物也可以用于输送化疗药物阿霉素到特定的抗体,而药物是通过 π 堆叠引起的物理吸附负载在纳米石墨氧化物表面。

Chhowalla 课题组报道了溶液处理法得到的石墨烯氧化物沉积薄膜发射蓝色荧光[115]。他们认为其荧光发射来自碳团簇(sp^2 杂化)中电子-空穴对的辐射复合过程。这些小而分散的碳团簇分散在碳-氧基底(sp^3 杂化)中。采用水合肼还原石墨烯氧化物沉积薄膜的初始阶段,局域 sp^2 杂化位点不断增加,荧光强度比初始石墨烯氧化物沉积薄膜大一个数量级。有趣的是,随着还原反应的继续进行,荧光强度又会反向减弱,这可能是由于 sp^2 杂化区域相互渗透,导致激子跃迁至非辐射型复合位点所致。

Wu 课题组发展了一种水热法可以将氧化的微米尺寸石墨烯片分割成尺寸在 5～13 nm 范围内的石墨烯量子点（GQDs）[116]。更重要的是，与以往石墨烯量子点由于具有较大的横向尺寸而不能发光所不同，这种方法功能化的量子点具有较强的蓝色荧光（量子产率 $\Phi_F \approx 7\%$）。通过水热法脱氧，大部分石墨烯量子点含有 1～3 层石墨烯，而且有趣的是，该石墨烯量子点的发光与大部分的碳纳米点类似，随激发波长改变而改变。作者提出了这种石墨烯量子点的发光可能来源于具有类卡宾三重基态的曲折位点。这个机理也与其受 pH 控制的发光行为一致：石墨烯量子点在碱性环境中具有较强的荧光，但在酸性溶液中荧光会猝灭。

与碳纳米点类似，石墨烯衍生物发光的具体机理及其相关化学分子还需深入研究。这个研究领域未来存在的挑战将是设计 sp^2 杂化结构，调控 sp^2 杂化结构在石墨烯中的结构与比率。尽管这些困难有待解决，石墨烯衍生物仍将是生物医学标记以及光电子应用的理想平台。

1.4.6　碳纳米点研究总结与展望

碳纳米点作为新型纳米材料具有优异的发光特性，也是开发未来纳米器件的重要材料。虽然需要继续发展更好的碳点合成方法以及开展更多基础性的研究工作，但是一方面由于其可作为重金属量子点的替代物，碳纳米点将会在生命与环境有关的应用中发挥更大的作用与影响；另一方面，碳纳米点可以采用多种方法并且使用低成本、可回收的原料进行合成，因此，基于其低成本、可扩展性、非常好的化学稳定性、生物相容性/无毒、胶体稳定性以及体内成像功能，碳纳米点已经展示了其在荧光成像与生物医学应用中的潜力。更重要的是，碳纳米点表面可以容易地进行化学修饰从而引入多功能，包括适于在多种溶剂中的分散以及可与各种材料（本体材料、纳米材料、生物界面）耦合的界面。通过掺杂、化学处理或者作为纳米复合材料的一部分，碳纳米点将会开创更多创新研究与应用。

1.5 本书的研究目的、内容与创新点

1.5.1 研究目的

铜是所有已知生命所必需的微量元素,而且在许多代谢过程中发挥着至关重要的作用。例如,铜锌超氧化物歧化酶与细胞色素氧化酶就是利用铜的氧化还原性(不稳定的还原态 Cu^+ 与稳定的氧化态 Cu^{2+} 之间的转换)完成特定功能的。然而,细胞内铜的动态平衡发生紊乱则会产生活性氧和氮化物,并引发氧化应激或者硝化应激,造成对脂质体、蛋白质、DNA 和其他生物分子的损伤。因此细胞通过复杂的铜摄取、转运与储存机制,严格控制着细胞内铜的水平与分布。尽管铜的动态平衡对生物体的健康有重要影响,但是人们对于铜离子在某些生理与病理中所起的复杂作用以及生物氧化还没有完全了解。荧光成像与传感细胞内的铜离子以其高灵敏度和高时空分辨率为解决以上问题提供了一种非常有效的方法。

之前的研究大多认为细胞内的铜离子主要是以氧化态形式(Cu^+)存在,实际上大多数生物体内也同时存在还原态的 Cu^{2+},并且在铜的氧化还原反应与动态平衡中 Cu^{2+} 也与 Cu^+ 同等重要。然而由于 Cu^{2+} 具有顺磁性容易猝灭荧光分子,目前报道的 Cu^{2+} 荧光传感器大多数都是猝灭型探针。考虑到猝灭型荧光探针可能会影响分析的可靠性,最近研究者发展了一些部分具有选择性、低检测限、水溶性或者生物相容性的荧光增强型有机小分子探针。但是,真正能够应用于生物体内检测的非常少,因为设计与合成同时具有化学选择性、水溶性、荧光稳定性和生物相容性的有机荧光探针还是非常困难的。更重要的是,尽管基于单发射荧光强度增减的分析方法在很多方面发挥了重要作用,但是在细胞内单发射荧光易受环境的干扰,造成荧光探针浓度的不均一和荧光分子周围环境的改变,从而影响分

析结果的准确性。

最近,比率型传感器因其灵敏度高和分析结果可靠(能够自我校正)得到很大发展。比率型探针是通过两个特征信号的比值来定量分析物。因此,采用比率型荧光探针检测细胞内的可交换铜有望克服由于细胞内染料分布不均以及细胞膜厚度不一造成的荧光强度变化,从而更加准确的定量细胞内的铜离子。但是,设计并合成能够用于生物体内 Cu^{2+} 检测的有机小分子比率型荧光探针是非常困难的。

将特异性识别单元(如有机小分子、生物分子)与具有优异光电特性的无机纳米材料(如金纳米材料、碳纳米管,或者半导体量子点)复合可以发展出许多新型生物分析与生物成像方法。碳纳米点(C-dots)作为新近发现的一类纳米颗粒,以其微小的尺寸、易于功能化的表面,以及多种简单、快速和廉价的合成方法使其在很多应用中具有可取代其他纳米材料的潜力与优势。更重要的是 C-dots 有可能取代以有毒金属为原料的传统半导体量子点。虽然目前在有关新型 C-dots 的制备方面取得了很大进展,并且有些 C-dots 已经应用于荧光标记,但是发展基于 C-dots 的荧光传感器并且能够荧光成像细胞内的生物分子还处于早期阶段。

为了检测活体组织内的 Cu^{2+},还必须使用具有双光子吸收的荧光物质在双光子显微镜上进行生物成像与传感,因为双光子显微镜具有大的穿透深度($>500\ \mu m$)、只在局域激发和低的光毒性(近红外光激发)等优点。然而,目前报道的具有 Cu^{2+} 选择性的荧光传感器大都是在短波长激发下使用单光子显微镜进行生物成像,所以很难应用于组织检测(单光子在组织中的穿透深度一般小于 $80\ \mu m$)。

本书研究通过在半导体量子点、碳纳米点或者石墨烯量子点表面修饰有机小分子或者功能蛋白发展了三种 Cu^{2+} 比率型荧光探针,在实现比率型荧光检测 Cu^{2+} 的同时,提高了探针的选择性、荧光稳定性和生物相容性,并且实现了双光子比率型荧光成像组织内的 Cu^{2+}。

3.2 研究内容

(1) 通过在 CdSe/ZnS 量子点表面同时组装具有选择性响应 Cu^{2+} 的功能配体[N-(2-aminoethyl)-N,N',N'-tris(pyridin-2-ylmethyl)ethane-1,2-diamine](AE-TPEA)与有机发光分子 N-Pyridin-4-ylmethylene-ethane-1,2-diamine(PYEA)制备了具有双发射荧光的比率型荧光探针 QDs@PYEA-TPEA,并且实现比率荧光成像活细胞内 Cu^{2+} 浓度的变化;

(2) 设计并合成了具有水溶性、发光稳定性和生物相容性的 Cu^{2+} 比率型荧光探针 CdSe@C-TPEA,不仅实现了可视化灵敏检测 Cu^{2+} 的浓度,而且基于碳纳米点复合材料实现比率荧光成像细胞内 Cu^{2+} 的浓度变化;

(3) 设计并合成了具有双光子吸收的无机-有机功能纳米材料 GQD@Nile-E_2Zn_2SOD,发展了一种高灵敏、高选择性检测 Cu^{2+} 的比率型荧光探针。同时,基于该纳米复合材料优异的生物相容性、较好的水溶性和荧光稳定性,将功能纳米探针应用于双光子比率型荧光成像活细胞和组织切片内的 Cu^{2+},并进一步研究了抗坏血酸处理细胞对去铜超氧化物歧化酶重组 Cu^{2+} 的影响。

1.5.3 创新点

(1) 通过复合量子点与染料以及碳点与半导体量子点制备了 Cu^{2+} 比率型荧光探针,解决了荧光探针在细胞环境下分析 Cu^{2+} 的准确性;

(2) 通过设计与合成有机小分子功能配体 AE-TPEA 和巧妙地制备去铜超氧化物歧化酶(E_2Zn_2SOD),提高了无机-有机功能纳米探针的选择性;

(3) 通过对发光纳米颗粒(从半导体量子点到碳纳米点与石墨烯量子点)与生物成像技术(从单光子共聚焦显微镜到双光子显微镜)的改进,提高了纳米复合探针在细胞和组织内荧光成像与传感金属离子的可靠性与准确性。

第2章
基于功能化量子点的比率型荧光探针检测细胞内铜离子

2.1 概　　述

　　铜是人体内仅次于铁和锌的第三丰度的微量金属元素。但是,在细胞水平仍然需要调控铜的摄取、释放与分布才能维持正常的生理功能,因为研究表明生物体内铜的动态平衡发生紊乱与一些神经退行性疾病存在某种关联[117]。荧光成像与传感可以高灵敏度和高选择性地检测生物分子包括活细胞中的特定成分[118]。然而,由于Cu^{2+}具有顺磁性能够猝灭荧光分子,所以目前报道的Cu^{2+}荧光传感器大部分都是猝灭型探针[119]。考虑到猝灭型荧光探针可能会受到细胞内许多分子的干扰从而影响分析结果的可靠性,最近研究者发展了一些部分具有选择性、低检测限、水溶性或者生物相容性的增强型有机小分子荧光探针[120]。但是,能够成功应用于生物体内检测的非常少,因为合成同时具有化学选择性、水溶性、发光稳定性和生物相容性的有机小分子荧光探针还是非常困难的[121]。更重要的是,尽管基于单发射荧光强度增减的分析方法在许多方面发挥了重要作用,但是在复杂环境下单发射荧光易受环境的干扰,如荧光探针浓度的不均匀和荧光分子周围环境的改变,从而影响分析结果的准确性。

比率分析法由于具有自我校正和灵敏度高等优点得到很大发展[121a,121c,122]。但是,设计并合成能够用于生物体内 Cu^{2+} 检测的比率型有机小分子荧光探针是非常困难的[121a]。与传统有机染料相比,半导体量子点因其特殊的结构具有宽吸收、窄发射的特点以及良好的发光稳定性和化学稳定性,这些特性使量子点特别适合能量转移应用以及在同一激发波长下同时检测不同波长的发射。

本章基于 CdSe/ZnS 半导体量子点(QDs)发展了具有良好选择性和高灵敏度的比率型荧光探针用于细胞内 Cu^{2+} 成像与传感。通过在羧基化的 CdSe/ZnS 量子点(QDs)表面修饰新合成的金属离子有机配体 *N*-(2-aminoethyl)-*N*,*N*′,*N*′-tris(pyridin-2-ylmethyl)ethane-1,2-diamine(AE-TPEA)提高了 QDs 对 Cu^{2+} 的选择性,同时在 QDs 表面耦合具荧光发射的有机小分子 *N*-pyridin-4-ylmethylene-ethane-1,2-diamine(PYEA),制备了具有双发射荧光的无机-有机功能纳米探针 QDs@PYEA - TPEA。该荧光探针在 400 nm 激发下,具有两个荧光发射峰,分别位于 486 nm 和 605 nm。重要的是,来自 CdSe/ZnS 量子点的橙红色荧光随溶液中 Cu^{2+} 浓度的增大而迅速降低,而来自 PYEA 的蓝色荧光强度几乎没有变化,因此该荧光探针能够用于 Cu^{2+} 的比率荧光分析。图 2 - 1 是纳米复合探针的结构与传感示意图。QDs@PYEA - TPEA 检测 Cu^{2+} 的线性范围是 $5 \times 10^{-8} \sim 8 \times 10^{-6}$ mol/L,检测限是 7×10^{-9} mol/L,能够满足生物体内 Cu^{2+} 的生物传感。更重要的是,与羧基化的 CdSe/ZnS 量子点对大部分金属离子都有响应不同,QDs@PYEA - TPEA 由于含有 TPEA 官能团能够选择性响应 Cu^{2+}。而且,该无机-有机功能纳米探针具有良好的抗光漂白性。细胞增殖实验(MTT 法)的结果表明 QDs@PYEA - TPEA 在成像实验条件下对细胞的毒性较小。基于以上结果,本章成功应用 QDs@PYEA - TPEA 比率荧光成像细胞内 Cu^{2+} 的动态平衡变化。

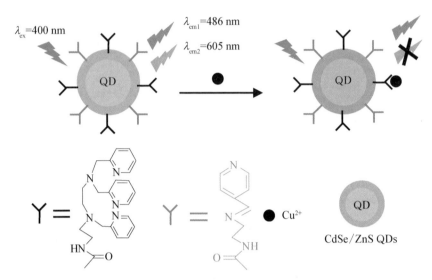

图 2-1　比率型荧光探针检测 Cu²⁺ 的示意图

2.2　实　验　部　分

2.2.1　试剂与材料

羧基化量子点 QD 605(Molecular Probes),高糖 DMEM 细胞培养基、胎牛血清、青霉素、链霉素、1×PBS(Gibco),N-(2-溴乙基)邻苯二甲酰亚胺、吡咯烷二硫代甲酸铵、四甲基偶氮唑、天冬氨酸、精氨酸、半胱氨酸、甘氨酸、谷氨酰胺、谷氨酸、组氨酸、异亮氨酸、亮氨酸、赖氨酸、甲硫氨酸、苯丙氨酸、丝氨酸、苏氨酸、酪氨酸、缬氨酸(Sigma),水合肼(TCI AERICA)、硼氢化钠、甲醇、乙醇、乙腈、乙醚、丙酮、二氯甲烷、氯化钾、氯化钠、氯化钙、氯化镁、氯化锰、氯化亚铁、氯化钴、氯化镍、氯化锌、氯化镉、氯化铜、氯化亚铜(国药集团化学试剂有限公司),乙二胺、吡啶二甲醛、氰基硼氢化钠(Alfa Aesar)。

2.2.2　实验仪器

Nicolet 6700 傅里叶变换红外光谱仪（Thermo Scientific）、8453 紫外-可见吸收光谱仪（Agilent）、F‐2700 荧光光谱仪（Hitachi）、JEM‐2100 透射电子显微镜（JEOL）、AV‐400 核磁共振仪（Bruker）、GCT premier Time FOR flight 高分辨质谱（沃斯特）、FV 1000 激光扫描共聚焦显微镜（Olympus）、RE‐2000 旋转蒸发仪（上海亚荣生化仪器厂）、FLS 920 瞬态荧光光谱仪（Edinburgh Instrument）、Multiskan MK3 酶标仪（Thermo Scientific）。

2.2.3　AE‐TPEA 的合成

[N-(2-aminoethyl)-N, N′, N′-tris（pyridin-2-ylmethyl）ethane-1, 2-diamine]（AE‐TPEA）的制备参考 Yoon、Horner 等人的工作[124]，其简要合成步骤如下：

2.2.4　PYEA 的合成

N-Pyridin-4-ylmethylene-ethane-1,2-diamine（PYEA）的合成步骤如下：乙二胺（0.9 g,15 mmol）和 4-吡啶甲醛（1.605 g,15 mmol）在 20 mL 的甲醇中混合,然后回流 3 h。将得到的溶液冷却至室温后,使用正己烷重结晶获得浅黄色针状晶体[123]。

2.2.5　CdSe@PYEA-TPEA 的制备

由于所用 CdSe/ZnS 量子点（QDs）表面含有羧基,本文使用 EDC 催化氨基-羧基缩合反应,将含有氨基官能团的 PYEA 和 AE-TPEA 键合在 QDs 表面。简要制备方法如下：将 QDs（0.2 nmol）、EDC（10 μmol）、AE-TPEA（0.2 μmol）和 PYEA（2 μmol）溶于 DMSO 与水的混合溶液中（500 μL,H_2O : DMSO=9:1）,室温下搅拌 2 h 完成反应。然后,使用超滤膜将纳米颗粒与未反应完的 EDC、AE-TPEA 和 PYEA 分离,最后重新分散在 PBS 缓冲溶液中（0.01 mol/L,pH 7.4）。

2.2.6　细胞培养

2.2.6.1　细胞复苏

首先将培养液（DMEM、FBS、F/S 的体积分数分别为：89%、10%、1%）置于 310 K 的水浴锅中预热,然后将装有 HepG2 细胞的冻存管由液氮罐迅速转移到 310 K 的水浴锅中,快速振荡后使细胞在 1 min 内解冻,冻存管的顶部尽量保持在水面以上以避免可能的污染。当细胞完全解冻后,用蘸有 70% 乙醇的纱布擦拭消毒冻存管。将解冻后的 HepG2 细胞转移到装有 15 mL 培养液的离心管后再将细胞悬液在 800 r/min 下离心 3 min,弃上清。最后加入 5 mL 新鲜培养液,待重新吹打均匀细胞后将细胞转移到细胞培养瓶中。用倒置显微镜观察细胞密度是否合适,然后将细胞培养瓶放入 310 K、5%CO_2 的恒温培养箱中培养。一般冻存良好的细胞,复苏培养 10 h 即可贴壁。待细胞培养 24~36 h 后,更换新鲜培养液一次。

2.2.6.2　细胞传代

培养的 HepG2 细胞形成单层汇合后,首先吸弃细胞培养瓶中的旧培养液,用 PBS 润洗一遍。其次,加入 2 mL 0.25% 胰蛋白酶消化液并在恒温培养箱下反应 1~2 min。再次,加入等体积的新鲜培养液,将细胞吹打均匀后吸入 15 mL 离心试管中,在 800 r/min 的速度下离心 3 min。然后,小心倒弃上层清夜,加入适量新鲜培养液,将细胞重新吹打悬浮在新鲜培养液中,制备成单细胞悬液。最后,将一定体积细胞悬液转移到细胞培养瓶中,补足培养液,用倒置显微镜观察细胞密度合适后将细胞培养瓶放入 310 K、5%CO_2 恒温培养箱中继续培养,待细胞达到一定密度后再进行传代。

2.2.6.3　细胞铺板

首先按 HepG2 细胞传代方法用胰蛋白酶消化液将细胞消化并制备出单细胞悬液,然后通过细胞计数计算出细胞的浓度后取一定体积细胞悬液置于无菌离心管中并加入所需体积的新鲜培养液稀释,最后按每孔所需细胞数量在无菌条件下向细胞培养板的培养孔中加入计算体积的细胞稀释液,待全部加好后,将细胞培养板置于 310 K、5%CO_2 恒温培养箱中继续培养,当细胞密度达到要求后即可进行后续实验。

2.2.7　细胞毒性实验

MTT 法是一种检测细胞存活和生长的方法。检测原理为活细胞线粒体中的琥珀酸脱氢酶能使外源性 MTT 还原为水不溶性的蓝紫色结晶甲瓒并沉积在细胞中，而死细胞无此功能。二甲基亚砜(DMSO)能溶解细胞中的甲瓒，用酶标仪在 490 nm 波长处测定其吸光值(OD 值)，来判断活细胞数量，OD 值越大，细胞活性越强。MTT 法实验步骤为：胰酶消化对数期细胞，终止后离心收集，制成细胞悬液，细胞计数调整其浓度至 3×10^4 个/mL。然后在 96 孔板中每孔加入 100 μL 细胞悬液，使待测细胞的密度为 3 000 个/孔。边缘孔用 PBS 填充。将接种好的细胞培养板放入培养箱中培养，至细胞单层铺满孔底，加入浓度梯度的药物，设 5 个梯度、6 个副孔。然后放入细胞培养箱继续孵育 24 h 后，每孔加入 10 μL 5 mg/mL 的 MTT 溶液，继续培养 4 h。反应使用 150 μL DMSO 终止，放在摇床上避光低速振动 10 min。最后在酶联免疫检测仪 OD 490 nm 处测量各孔的吸光值。

2.2.8　荧光寿命测定

本书通过时间相关单光子计数法测定荧光寿命，使用纳秒级氢气闪光灯作为激发光源(脉冲频率是 40 MHz)，在 400 nm 波长激发下检测 605 nm 波长处的荧光信号。时间相关单光子计数实验的数据通过自带软件进行拟合分析。

2.2.9　共聚焦荧光成像

在成像实验前一天，将 HepG2 细胞在玻底培养皿中铺板，然后置于 310 K、5%CO$_2$ 恒温培养箱中继续培养 12 h。在成像实验前，将培养基置换为含有 QDs@PYEA - TPEA(2 nmol/L)的 PBS 溶液并共同孵育 3 h。最后将含有纳米颗粒的 PBS 溶液更换为空白 PBS 溶液即可进行激光扫描共聚焦荧光成像实验。激光扫描共聚焦荧光成像实验的参数如下：405 nm 半导体激光器；荧光扫描通道：480～550 nm 和 550～700 nm；63 倍油镜(NA 1.4)。为了检测细胞内铜离子水平的变化，将 CuCl$_2$(100 μmol/L)和

PDTC(100 μmol/L)直接添加到显微镜载物台上的培养皿中。实验过程中保持透射、光电倍增管电压、对比度、扫描速度等参数不变,比较外源性 Cu^{2+} 加入前后探针的荧光变化。荧光图片处理使用 Olympus FV1000 自带的软件以及 Image-Pro Plus 6.0 软件。

2.3　结 果 与 讨 论

2.3.1　QDs@PYEA‐TPEA 的表征

2.3.1.1　CdSe/ZnS 量子点的表征

如图 2‐2 所示,TEM 实验观察到 CdSe/ZnS 量子点(QDs)在水溶液中具有单分散性,其平均尺寸在 10 nm 左右。借助红外光谱表征 QDs 表面的官能团,如图 2‐3 所示,在 2 919 cm^{-1} 和 2 859 cm^{-1} 有对应 C—H 键伸缩振动的吸收峰,在 1 562 cm^{-1} 和 1 422 cm^{-1} 有对应—COO$^-$ 的不对称和对称伸缩振动吸收峰,而在 1 641 cm^{-1} 和 1 353 cm^{-1} 则出现 C=O 和 C—O 键的伸缩振动吸收峰。以上实验结果证明所使用的 QDs 表面含有亲水性

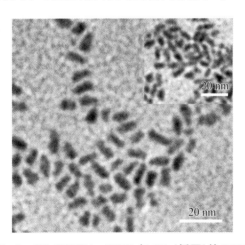

20 nm

20 nm

图 2‐2　QDs@PYEA‐TPEA 与 QDs(插图)的 TEM 图

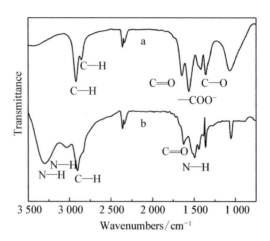

图 2 - 3　(a)QDs 与(b)QDs@PYEA - TPEA 的红外吸收光谱

的羧基官能团。紫外-可见吸收光谱与荧光光谱证明 QDs 具有典型的宽吸收、窄发射的光学特性(图 2 - 4),由于 QDs 具有大的 Stokes 位移,因此可以单波长同时激发包括 QDs 在内的其他染料。

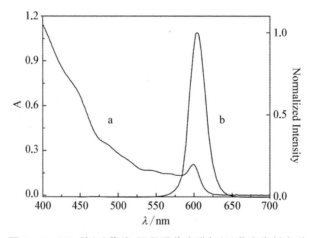

图 2 - 4　QDs 的(a)紫外-可见吸收光谱与(b)荧光发射光谱

2.3.1.2　功能有机分子的表征

AE-TPEA: ^{1}H NMR (400 MH$_z$, CDCl$_3$): δ 8.52(d, J = 4.4 Hz,

2H），8.49（d，$J=4.4$ Hz，1H），7.62（t，$J=8.0$ Hz，2H），7.57（t，$J=8.0$ Hz，1H），7.47（d，$J=8.0$ Hz，2H），7.35（d，$J=8.0$ Hz，1H），7.1～7.15（m，3H），3.81（s，4H），2.72（s，4H），2.69（t，$J=6.0$ Hz，2H），2.52（t，$J=6.0$，2H），1.60（br，2H）。^{13}C NMR（100 MHz，CDCl$_3$）：δ 159.7，159.4，148.7，148.6，136.1，136.0，122.6，122.5，121.7，121.6，60.8，60.5，57.5，52.3，52.1，39.5. TOF MS EI$^+$：calculated for [M+H]$^+$ 376.237 5，found 376.237 7。

PYEA：^{1}H NMR（400 MHz，CDCl$_3$）：δ 8.69（d，$J=6.0$ Hz，2H），8.29（s，1H），7.57（d，$J=6.0$ Hz，2H），4.06（s，2H），1.76（s，2H）。

2.3.1.3　QDs@PYEA - TPEA 的表征

PYEA 和 AE - TPEA 在 QDs 表面的键合可以通过红外光谱表征，如图 2 - 3 所示，在 3 039 cm^{-1} 和 3 302 cm^{-1} 的吸收峰来源于 N—H 键的伸缩振动，在 1 492 cm^{-1} 和 1 631 cm^{-1} 的吸收峰是由于 N—H 键的弯曲振动和

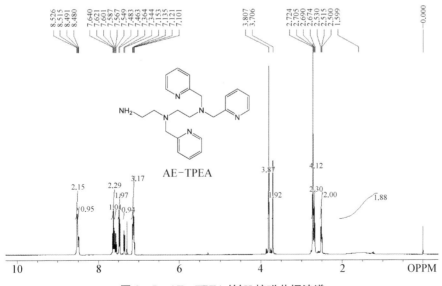

图 2 - 5　AE - TPEA 的 ^{1}H 核磁共振波谱

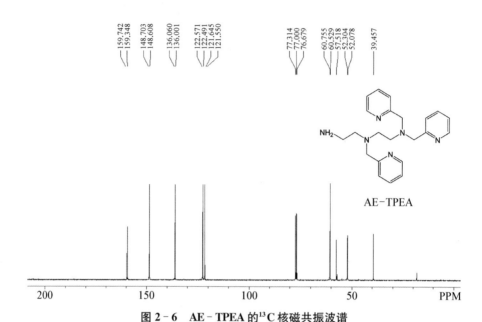

图 2 - 6 AE - TPEA 的¹³C核磁共振波谱

Elemental Composition Report   Page 1

Single Mass Analysis
Tolerance = 5.0 mDa / DBE: min = -1.5, max = 35.0
Element prediction: Off

Monoisotopic Mass, Odd and Even Electron Ions
11 formula(e) evaluated with 1 results within limits (up to 50 best isotopic matches for each mass)
Elements Used:
C: 0-25   H: 0-40   N: 0-6
AE TPEA   GCT Premier CAB073   06-Dec-201114:14:15
20111206009 156 (5.184)   TOF MS EI+
                                                                                                            2.27e+002

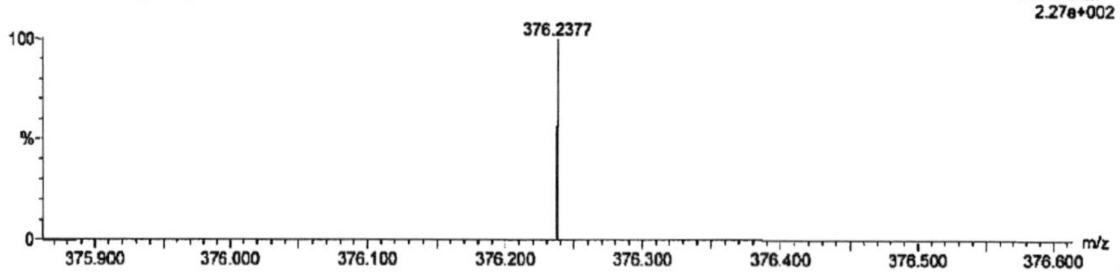

```
                              376.2377
100-


%-


  0                                                                                          m/z
   375.900    376.000    376.100    376.200    376.300    376.400    376.500    376.600
```

Minimum: -1.5
Maximum: 5.0   10.0   35.0

Mass   Calc. Mass   mDa   PPM   DBE   i-FIT   Formula

376.2377   376.2375   0.2   0.5   12.0   5546128.5   C22 H28 N6

图 2 - 7 AE - TPEA 的高分辨质谱

C=O 键的伸缩振动引起。以上实验结果证明 QDs 的表面有新的酰胺键生成,从而说明有 PYEA 和 AE－TPEA 修饰到 QDs 表面。紫外-可见吸收光谱表征 QDs@PYEA－TPEA 与 QDs 相似,这与功能有机分子 AE－TPEA 和 PYEA 在可见光区没有特征吸收一致。由于 PYEA 修饰到 QDs 表面,在 400 nm 激发下,QDs@PYEA－TPEA 具有双发射荧光,其荧光发射峰分别在 486 nm 和 605 nm(图 2－8)。

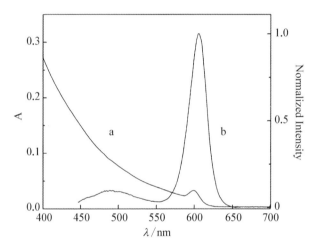

图 2－8　QDs@PYEA－TPEA 的(a)吸收光谱图和
(b)荧光发射光谱图(λ_{ex}＝400 nm)

2.3.2　QDs@PYEA－TPEA 检测 Cu^{2+}

量子点的发光是由于光生电子-空穴对在其晶体表面的辐射复合引起。因此,当带电粒子如金属离子靠近量子点时会猝灭或者增强其荧光。这个概念使研究者可以非常简单地通过在量子点表面修饰配体即可组装荧光化学传感器,所修饰配体的属性会影响荧光传感器的选择性与响应类型。本文通过在 QDs 表面同时修饰对 Cu^{2+} 具有强亲和力的配体 AE－TPEA(水溶液中 $\log K$＝16.2)和受金属离子干扰小的荧光团 PYEA[125],构建了对 Cu^{2+} 具有选择性响应的比率型荧光传感器。如图 2－9 是 Cu^{2+}

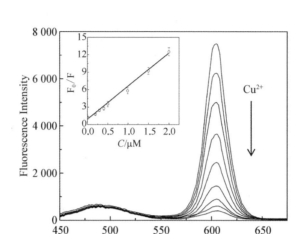

图 2‑9　CuCl₂ 滴定 QDs@PYEA‑TPEA(0.3 μmol/L)溶液的荧光光谱图(溶液
中 Cu²⁺ 的浓度从上到下依次是 0 μmol/L、0.05 μmol/L、0.1 μmol/L、
0.2 μmol/L、0.5 μmol/L、1 μmol/L、2 μmol/L、3 μmol/L);插图是 Cu²⁺
浓度与 QDs 荧光强度(F_{605})的 Sterm‑Volmer 关系图(F_0 是没有 Cu²⁺ 存
在时的荧光强度,F 是加入 Cu²⁺ 后的荧光强度),$K_{sv}=6.2\times10^6\,M^{-1}$

滴定 QDs@PYEA‑TPEA 溶液的荧光光谱图。随着 Cu²⁺ 浓度的增大,
QDs@PYEA‑TPEA 在 605 nm 的荧光明显猝灭,而在 486 nm 的荧光强
度变化很小。空白实验表明,QDs@PYEA‑TPEA 溶液在不同浓度时两
个荧光发射峰的比值(F_{605}/F_{486})保持不变(图 2‑10)。作为 Cu²⁺ 响应型荧
光探针,该探针具有较宽的线性检测范围($5\times10^{-8}\sim2\times10^{-6}$ mol/L)和较
低的检测限(7×10^{-9} mol/L)。另外,Cu²⁺ 与 TPEA 的螯合反应可以在
1 min 之内完成。以上实验结果表明 QDs@PYEA‑TPEA 纳米复合探针
能够用于生物体内 Cu²⁺ 的快速灵敏检测。

　　上述 Cu²⁺ 猝灭 QDs@PYEA‑TPEA 的荧光后,来自 QDs 的荧光发
射峰没有发生红移,表明在此过程过程中 QDs 表面没有生成新的 CdSe-
Cu⁺ 复合物[126],即没有发生由于 Cu²⁺ 直接黏附 QDs 表面而引发的离子交
换反应。通过进一步使用单光子计数法表征了功能纳米探针 QDs@
PYEA‑TPEA 与 Cu²⁺ 反应前后其荧光寿命的变化。如表 2‑1 所示,QDs@

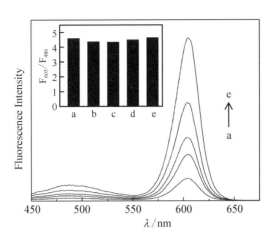

图 2‑10 QDs@PYEA‑TPEA 两个荧光发射峰的比值(F_{605}/F_{486})与其浓度的关系,F_{605} 代表 550～650 nm 范围内的荧光积分强度,F_{486} 代表 450～550 nm 范围内的荧光积分强度,a～e:0.05 μmol/L、0.10 μmol/L、0.14 μmol/L、0.20 μmol/L、0.32 μmol/L

表 2‑1 QDs@PYEA‑TPEA 与金属离子反应前后的荧光衰减时间常数

Metalions($2\ \mu M$)	τ_1/ns	τ_2/ns
blank	6.511 3	17.166 0
Cu^{2+}	2.570 5	10.725 1
Zn^{2+}	6.483 6	16.779 0
Ni^{2+}	6.505 7	16.866 0
Co^{2+}	6.502 6	16.870 5
Fe^{2+}	6.506 6	16.987 5

PYEA‑TPEA 螯合 Cu^{2+} 后,QDs 的荧光寿命明显减小,说明该荧光猝灭行为可能是由于 QDs 与 Cu^{2+} 之间的电荷转移引起[127]。

2.3.3　QDs@PYEA‑TPEA 的选择性

细胞内的复杂环境不仅影响传感器的灵敏度,而且对其选择性提出了更高的要求,因此在复杂体系中直接检测金属离子还需进一步研究生物体内常见的金属离子对探针的可能影响或者干扰。如图 2 − 11a 所示，即使 Na^+、K^+、Ca^{2+}、Mg^{2+} 的浓度达到 1 mmol/L 时，它们对 QDs@PYEA − TPEA 的比率荧光均没有明显干扰。第一排 d 轨道金属离子 Mn^{2+}、Fe^{2+}、Co^{2+}、Ni^{2+}、Zn^{2+}、Cd^{2+} 和 Cu^+ 在溶液中的浓度分别为 10 μmol/L 时，它们

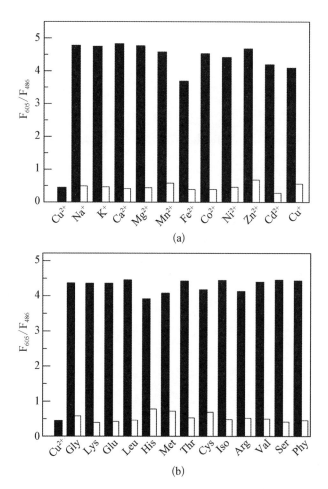

图 2 − 11　(a) QDs@PYEA − TPEA 纳米探针对金属离子的选择性。黑色柱代表在 QDs@ PYEA − TPEA 溶液 (0.05 μmol/L) 中加入某种金属离子 (1 mmol/L 的 Na^+、K^+、Ca^{2+}、Mg^{2+}, 1 μmol/L Cu^{2+}, 10 μmol/L 的其他金属离子), 白色柱代表在上述溶液中加入 1 μmol/L 的 Cu^{2+}; (b) QDs@PYEA − TPEA 纳米探针对氨基酸的抗干扰性。黑色柱代表在 CdSe@C − TPEA 溶液 (0.05 μmol/L) 中加入某种氨基酸 (100 μmol/L), 白色柱代表在上述溶液中加入 1 μmol/L 的 Cu^{2+}

对 QDs@PYEA-TPEA 也没有明显干扰。更重要的是,这些金属离子与
Cu²⁺ 共存时,不影响传感器对 Cu²⁺ 的检测。纳米荧光探针 QDs@PYEA-
TPEA 对 Cu²⁺ 的选择性可能既来源于 TPEA 官能团对 Cu²⁺ 的强耦合能力
也来源于 TPEA-Cu²⁺ 配合物能够通过电子转移猝灭 QDs 的荧光。如图
2-12 和表 2-1 所示,其他金属离子与 TPEA 作用后既不能发生共振能量
转移也没有电荷转移以引起 QDs 的荧光猝灭。

考虑细胞内存在的氨基酸与各种金属离子有相互作用,我们继续考察了

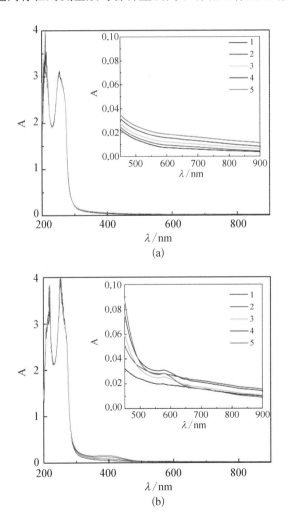

(a)

(b)

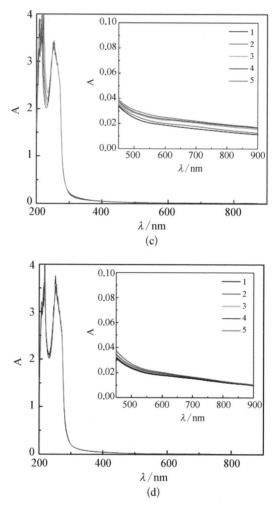

图2-12 金属离子滴定 AE‐TPEA 溶液(0.4 mmol/L)的吸收光谱图,(a~d)分别是
Zn²⁺、Fe²⁺、Ni²⁺、Co²⁺,从下往上的曲线(1~5)是加入不同浓度的金属离子
后的吸收光谱:0 mmol/L、0.1 mmol/L、0.2mmol/L、0.3 mmol/L、0.4 mmol/L

细胞内常见的十几种氨基酸对纳米复合探针 QDs@PYEA‐TPEA 的荧光
干扰。如图 2‐11(b)所示,QDs@PYEA‐TPEA 溶液中加入 100 μmol/L
的某种氨基酸后,荧光积分强度比值(F_{605}/F_{486})没有发生明显变化。而且,
荧光纳米探针 QDs@PYEA‐TPEA 与各种氨基酸共存时对 Cu²⁺ 的荧光
检测也不受影响。

2.3.4　CdSe@C‐TPEA 的荧光稳定性

QDs@PYEA‐TPEA 纳米复合探针在 400 nm 波长（Xe 灯，90 W）连续 2 h 的激发下荧光强度没有明显变化（<5%，如图 2‐13a），说明荧光探针具有良好的抗光漂白性。并且，该无机‐有机纳米复合荧光探针在 pH 5～9

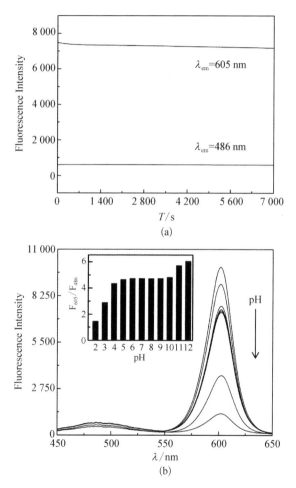

图 2‐13　(a) QDs@PYEA‐TPEA(0.3 μmol/L)在连续 2 h 的照射下(λ_{ex}=400 nm)荧光强度(λ_{em}=605 nm 和 486 nm)随时间变化的曲线，(b) 溶液 pH 对 QDs@PYEA‐TPEA 纳米探针($3×10^{-7}$ mol/L，H_2O∶DMSO=9∶1)的影响，λ_{ex}=400 nm

的缓冲溶液中其两个荧光发射峰的比值(F_{605}/F_{486})变化较小(图2-13(b))。基于以上实验结果可以看出,相比于有机荧光染料该纳米复合探针具有优异的抗光漂白性和不受生理pH变化影响的能力。

2.3.5 QDs@PYEA-TPEA 的细胞毒性

由于QDs@PYEA-TPEA具有比率型响应和荧光稳定性,使其具备了荧光成像与传感Cu^{2+}的能力。在进行荧光成像与传感细胞内Cu^{2+}实验前,我们首先考察了QDs@PYEA-TPEA纳米复合探针对于HepG2细胞(人类肝癌细胞系)的毒性。通过细胞增殖实验(MTT法)发现QDs@PYEA-TPEA在培养基中的浓度达到2 nmol/L时(后续荧光成像实验时使用的浓度)细胞活性在90%左右(图2-14),即使该纳米复合探针的浓度达到10 nmol/L,HepG2细胞的活性仍然大于80%。细胞毒性结果证明在实验条件下该纳米复合探针对细胞的毒性较小,具有一定的生物相容性。

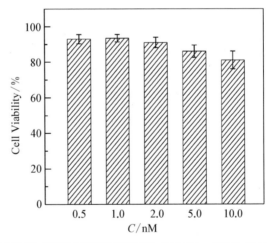

图2-14 基于细胞增殖实验 MTT 法测定 QDs@PYEA-TPEA 对 HepG2 细胞的毒性

2.3.6 基于 QDs@PYEA-TPEA 的细胞内 Cu²⁺ 成像与传感

基于以上实验结果,将纳米复合探针QDs@PYEA-TPEA加入培养

HepG2 细胞的玻底培养皿中,然后放在细胞培养箱中抚育 1 h。纳米复合探针通过内吞过程进入细胞后,使用激光扫描共聚焦显微镜观察到 HepG2 细胞的细胞质内存在发光纳米颗粒(图 2 - 15(a)~(c))。然后通过原位光谱扫描实验证明细胞内的发光来自纳米复合材料 QDs@PYEA - TPEA,并且在细胞内保持了双发射荧光的属性(如图 2 - 16)。与已报道的文献结果类似,来自有机发光团 PYEA 的荧光发射峰发生了红移(与在 PBS 缓冲溶液中的功能纳米探针相比红移 25 nm)[118f,121a],而 QDs 的荧光发射峰出现蓝移(5 nm)。为了验证功能 QDs@PYEA - TPEA 可以传感细胞内 Cu^{2+} 的浓度变化,我们进一步采用比率荧光成像法灵敏检测到细胞内 Cu^{2+} 动态平衡的变化。为提高细胞内可交换 Cu^{2+} 的浓度,本文在玻底培养皿中同时加入 $CuCl_2$ 与吡咯烷二硫代氨基甲酸(PDTC,促进细胞吸收 Cu^{2+} 的生物试剂)[128]。外源性 Cu^{2+} 处理前后,通过激光扫描共聚焦显微镜的光电

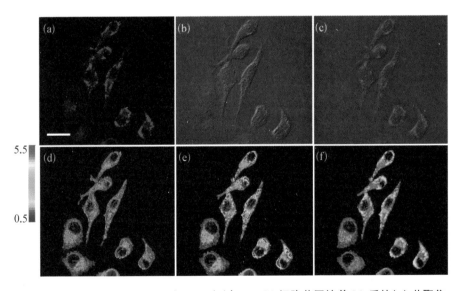

图 2 - 15　QDs@PYEA - TPEA(2 nmol/L)与 HepG2 细胞共同培养 3 h 后的(a) 共聚焦荧光图片、(b) 共聚焦明场图片、(c) 共聚焦荧光与明场叠加图片和(d) 荧光比率图片,标记了 QDs@PYEA - TPEA 的 HepG2 细胞经外源性 Cu^{2+} (100 μmol/L)处理(e) 1 h、(f) 2 h 后的比率荧光图片,标尺长度是 20 μm

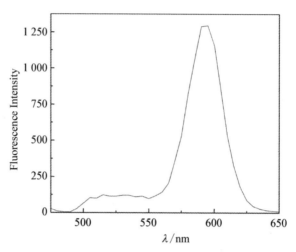

图 2-16 HepG2 细胞内的荧光光谱扫描($\lambda_{ex}=405$ nm)

倍增管检测器在两个波长范围（450~550 nm 和 550~650 nm）同时进行荧光成像（1 024×1 024 分辨率,8 位色彩空间）,最后借助 Image-Pro Plus 软件对两张图像进行除法运算得到比率荧光图片。如图 2-15d~f,细胞内纳米探针的比率荧光颜色由红色（图 2-15(d)）逐渐转变为黄绿色（图 2-15(f)）。比率荧光成像实验证明基于无机-有机功能纳米复合材料的双发射纳米探针 QDs@PYEA-TPEA 能够用于生物体内 Cu^{2+} 的灵敏检测。

2.4 本章结论

本章通过在 QDs 表面同时组装选择性识别 Cu^{2+} 的功能配体 AE-TPEA 与有机小分子荧光团制备了具有双发射荧光的无机-有机功能纳米材料 QDs@PYEA-TPEA,发展了一种高灵敏、高选择性检测 Cu^{2+} 的比率型荧光探针。得益于该纳米复合材料的荧光稳定性和生物相容性,本章使用功能纳米探针实现了比率型荧光成像活细胞内 Cu^{2+} 浓度的变化。同时,本章也提供了一种基于无机-有机功能纳米材料构建比率型荧光探针的方法以用于生物体内其他金属离子、蛋白质或者生物分子的灵敏与可靠检测。

第3章

基于碳纳米点复合材料的细胞内铜离子传感与比率荧光成像

3.1 概　　述

铜的氧化还原性对于生物体维持正常生理功能具有重要的作用[130]。但是,细胞内铜的动态平衡发生紊乱时,这种氧化还原反应会产生过多的活性氧,进而破坏细胞内的蛋白质和各种细胞器。由于铜的动态平衡与各种生理病理过程密切相关,发展能够检测活细胞内铜离子的分析方法对于解释铜离子的作用具有重要的意义[131-132]。

上一章通过设计功能有机分子 AE‐TPEA 和 PYEA,并利用 CdSe/ZnS 量子点的发光特性,构建了一种高灵敏、高选择性检测 Cu^{2+} 的比率型荧光探针 QDs@PYEA‐TPEA。然而,制备半导体量子点的原料或是修饰剂的毒性比较大,既对环境造成污染,也可能对制备人员的身体造成伤害,而且量子点容易因光解或者氧化产生细胞毒性。同时,很多方法制备的量子点价格昂贵,这也限制了半导体量子点的实际应用。

碳纳米点(C-dots)以制备方法简单经济、出色的生物相容性和良好的发光特性等优点吸引了研究者的广泛兴趣[133]。但是,发展可取代有机染料或者半导体量子点的功能碳点应用于生物成像与传感仍然处于起步阶段[134]。

本章设计并合成了基于碳纳米点复合材料的比率型荧光传感器,可以高灵敏、高选择性地传感与成像细胞内的 Cu^{2+}。通过将有机功能配体[N-(2-aminoethyl)-N,N',N'-tris(pyridin-2-ylmethyl)ethane-1,2-diamine](AE-TPEA)与由 C-dots 和 CdSe/ZnS 量子点共同组成的纳米复合材料(CdSe@C)耦合构建了 Cu^{2+} 比率型荧光探针。如图 3-1 所示,发射蓝色荧光的 C-dots 与具有红色荧光的 CdSe/ZnS 量子点复合构成了具有双发射荧光的 CdSe@C 纳米复合材料;其中,CdSe/ZnS 量子点由于表面包覆有 SiO_2 壳层不受铜离子干扰,所以可以作为参比荧光以消除环境的影响;同时,Cu^{2+} 选择性配体 AE-TPEA 被修饰到具有荧光响应的 CdSe@C 纳米复合材料表面后可以组装无机-有机纳米复合探针 CdSe@C-TPEA。该探针在 400 nm 激发下具有两个荧光发射峰($\lambda_{em}=485$ nm 和 644 nm)。由于 C-dots 表面修饰有 AE-TPEA ($\lambda_{em}=485$ nm)且能够选择性地被 Cu^{2+} 猝灭,而 $CdSe@SiO_2$ ($\lambda_{em}=644$ nm)不受 Cu^{2+} 影响,所以加入 Cu^{2+} 后会由于两个荧光发射峰比值(F_{485}/F_{644})的减小导致探针荧光颜色不断发生

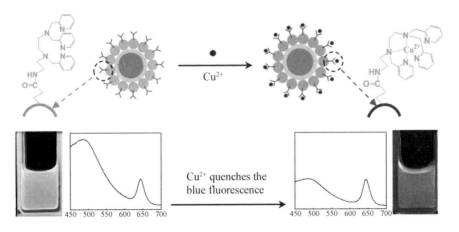

图 3-1 基于无机-有机纳米复合探针 CdSe@C-TPEA 比率荧光法检测 Cu^{2+}

变化,从而构建了 Cu^{2+} 比率型荧光探针。上述现象在手持式紫外灯照射下通过肉眼即可观察到。该比率型荧光探针在生理 pH 环境下检测 Cu^{2+} 的线性范围是 $5\times10^{-6}\sim2\times10^{-4}$ mol/L,并且能够不受生理浓度的其他金属离子和氨基酸明显干扰。更重要的是,相比于有机小分子荧光探针,CdSe@C 纳米复合材料具有良好的水溶性、发光稳定性和生物相容性。基于以上属性,本章实现了基于碳纳米点复合材料的细胞内 Cu^{2+} 传感与荧光成像。

3.2 实 验 部 分

3.2.1 试剂与材料

羧基化量子点 QD655(Molecular Probes),石墨棒(Alfa Aesar),1-(3-二甲氨基丙基)-3-乙基碳二亚胺盐酸盐、N-羟基丁二酰亚胺、吡咯烷二硫代甲酸铵、佛波醇 12,13-二丁、四甲基偶氮唑、N-(2-溴乙基)邻苯二甲酰亚胺、天冬氨酸、精氨酸、半胱氨酸、甘氨酸、谷氨酰胺、谷氨酸、组氨酸、异亮氨酸、亮氨酸、赖氨酸、甲硫氨酸、苯丙氨酸、丝氨酸、苏氨酸、酪氨酸、缬氨酸(Sigma Aldrich),高糖 DMEM 细胞培养基、胎牛血清、青霉素、链霉素、1×PBS(Gibco),环己烷、曲拉通、正己醇、正硅酸乙酯、3-氨基丙基三乙氧基硅烷、氨水(Aladdin),氯化钾、氯化钠、氯化钙、氯化镁、氯化锰、氯化亚铁、氯化钴、氯化镍、氯化锌、氯化镉、氯化铜、氯化亚铜(国药集团化学试剂有限公司),玻底培养皿(杭州生友生物技术有限公司)。

3.2.2 实验仪器

Nicolet 6700 傅里叶变换红外光谱仪(Thermo Scientific),8453 紫外-可见吸收光谱仪(Agilent),F-2700 荧光光谱仪(Hitachi),JEM-2100 透

射电子显微镜(JEOL),Multimode 8 原子力显微镜(Bruker),AV‐400 核磁共振仪(Bruker),GCT premier Time FOR flight 高分辨质谱(沃斯特),FV1000 激光扫描共聚焦显微镜(Olympus),Multiskan MK3 酶标仪(Thermo Scientific),PHS‐25 数显 pH 计(上海精密科学仪器有限公司),高压灭菌锅(SANYO),CO_2细胞培养箱(Thermo Electron)。

3.2.3　C-dots 的合成

称取 NaOH(0.2~0.4 g)溶解在乙醇/H_2O(100 mL,99.5∶0.5,V∶V)后,以石墨棒(直径 0.5 cm)作为工作电极和对电极,在电流密度为40 mA/cm^2的条件下电解 12 h。在反应后得到的含 C-dots 的粗产品中加入 $MgSO$ 并剧烈搅拌 20 min,静置 24 h 后通过真空蒸馏除去 C-dots 溶液中的乙醇[135]。为了在 C-dots 表面引入更多羧基官能团,采用硝酸氧化 C-dots 的方法,然后经 Na_2CO_3 中和并在二次水中透析以去除多余的盐[136]。

3.2.4　AE‐TPEA 的合成

[N-(2‐aminoethyl)-N,N′,N′-tris(pyridin‐2‐ylmethyl)ethane‐1,2‐diamine](AE‐TPEA)的制备参考 Yoon、Horner 等人的工作[124],其简要合成步骤见 2.2.3。

3.2.5　CdSe@SiO_2 与 CdSe@C‐TPEA 的制备

CdSe@SiO_2 颗粒的制备过程如下：将环己烷(1.87 mL)、曲拉通(0.45 mL)、正己醇(0.45 mL),隔开,QD 655(20 μL,8 $\mu mol/L$)和氨水溶液(50 μL,25 wt%)加入到圆底烧瓶中,待搅拌形成微乳液后加入 50 μLTEOS。在密封和避光下继续搅拌 24 h 合成具有核-壳结构的 CdSe@SiO_2 颗粒。为了在硅球表面继续修饰氨基基团,需要加入 15 μL 3‐氨基丙基三乙氧基硅烷并反应 12 h。最后使用丙酮终止反应,所得沉淀物依次用丁醇、2‐丙醇、乙醇和水洗涤[137]。

CdSe@C‐TPEA 的制备过程如下：将上述产物与 C‐dots 的水溶液混合后，在剧烈搅拌下加入 EDC/NHS(20 mmol/L)与 AE‐TPEA(2 mmol/L)，然后继续反应 2 h。最后通过三次超滤实验分离纯化 CdSe@C‐TPEA。

3.2.6　细胞培养

3.2.6.1　细胞复苏

首先将培养液(DMEM、FBS、F/S 的体积分数分别为：89％、10％、1％)置于 310 K 的水浴锅中预热，然后将装有 HeLa 细胞的冻存管由液氮罐迅速转移到 310 K 的水浴锅中，快速振荡后使细胞在 1 min 内解冻，冻存管的顶部尽量保持在水面以上以避免可能的污染。当细胞完全解冻后，用蘸有 70％乙醇的纱布擦拭消毒冻存管。将解冻后的 HeLa 细胞转移到装有 15 mL 培养液的离心管后再将细胞悬液在 800 r/min 下离心 3 min，弃上清。最后加入 5 mL 新鲜培养液，待重新吹打均匀细胞后将细胞转移到细胞培养瓶中。用倒置显微镜观察细胞密度是否合适，然后将细胞培养瓶放入 310 K、5％CO₂ 的恒温培养箱中培养。一般冻存良好的细胞，复苏培养 10 h 即可贴壁。待细胞培养 24～36 h 后，更换新鲜培养液一次。

3.2.6.2　细胞传代

培养的 HeLa 细胞形成单层汇合以后，首先吸弃细胞培养瓶中的旧培养液，用 PBS 润洗一遍。其次，加入 2 mL 0.25％胰蛋白酶消化液并在恒温培养箱下反应 1～2 min。再次，加入等体积的新鲜培养液，将细胞吹打均匀后吸入 15 mL 离心试管中，在 800 r/min 的速度下离心 3 min。然后，小心倒弃上层清夜，加入适量新鲜培养液，将细胞重新吹打悬浮在新鲜培养液中，制备成单细胞悬液。最后，将一定体积细胞悬液转移到细胞培养瓶中，补足培养液，用倒置显微镜观察细胞密度合适后将细胞培养瓶放入 310 K、

5%CO_2恒温培养箱中继续培养,待细胞达到一定密度后再进行传代。

3.2.6.3　细胞铺板

首先按 HeLa 细胞传代方法用胰蛋白酶消化液将细胞消化并制备出单细胞悬液,然后通过细胞计数计算出细胞的浓度后取一定体积细胞悬液置于无菌离心管中并加入所需体积的新鲜培养液稀释,最后按每孔所需细胞数量在无菌条件下向细胞培养板的培养孔中加入计算体积的细胞稀释液,待全部加好后,将细胞培养板置于 310 K、5%CO_2恒温培养箱中继续培养,当细胞密度达到要求后即可进行后续实验。

3.2.7　细胞毒性实验

MTT 法是一种检测细胞存活和生长的方法。检测原理为活细胞线粒体中的琥珀酸脱氢酶能使外源性 MTT 还原为水不溶性的蓝紫色结晶甲瓒并沉积在细胞中,而死细胞无此功能。二甲基亚砜(DMSO)能溶解细胞中的甲瓒,用酶标仪在 490 nm 波长处测定其吸光值(OD 值),来判断活细胞数量,OD值越大,细胞活性越强。MTT 法实验步骤为:胰酶消化对数期细胞,终止后离心收集,制成细胞悬液,细胞计数调整其浓度至 3×10^4 个/mL。然后在 96 孔板中每孔加入 100 μL 细胞悬液,使待测细胞的密度为 3 000 个/孔。边缘孔用无菌 PBS 填充。将接种好的细胞培养板放入培养箱中培养,至细胞单层铺满孔底,加入浓度梯度的药物,设 5 个梯度、6 个副孔。然后放入细胞培养箱继续孵育 24 h 后,每孔加入 10 μL 5 mg/mL 的 MTT 溶液,继续培养 4 h。反应使用 150 μL DMSO 终止,放在摇床上避光低速振动10 min。最后在酶联免疫检测仪 OD 490 nm 处测量各孔的吸光值。

3.2.8　共聚焦荧光成像

在成像实验前一天,将细胞在玻底培养皿中铺板,然后置于 310 K、5%

CO_2 恒温培养箱中继续培养 12 h。在成像实验前,将培养基置换为含有 CdSe@C - TPEA(约 0.05 mg/mL)和 PDBu(0.1 μmol/L)的 PBS 溶液后共同孵育 2 h。最后将含有纳米颗粒的 PBS 溶液更换为空白 PBS 溶液后即可进行激光扫描共聚焦荧光成像实验。激光扫描共聚焦荧光成像实验的参数如下:405 nm 半导体激光器;荧光扫描通道:480~580 nm 和 600~680 nm;63 倍油镜(NA 1.4)。为了检测细胞内铜离子水平的变化,将 $CuCl_2$(100 μmol/L)和 PDTC(100 μmol/L)直接添加到显微镜载物台上的培养皿中。实验过程中保持透射、光电倍增管电压、对比度、扫描速度等参数不变,以比较加入外源性 Cu^{2+} 前后探针的荧光变化。荧光图片处理使用 Olympus FV1000 自带的软件以及 Image-Pro Plus 6.0 软件。

3.3 结 果 与 讨 论

3.3.1 CdSe@C - TPEA 的表征

3.3.1.1 C-dots 的表征

本章采用电化学氧化法合成碳纳米点(C-dots)[135]。如图 3 - 2 所示,所制备的 C-dots 呈单分散状,尺寸在 5 nm 以内。通过高分辨透射电子显微镜表征得到 C-dots 的晶格间距是 0.32 nm,这与石墨碳的(002)晶面一致。从 AFM 的剖视图可以看出 C-dots 的厚度大约为 4 nm。紫外-可见吸收光谱表征 C-dots 的水溶液观察到类似多环芳烃的芳香类化合物特征吸收峰。然后通过红外光谱实验表征 C-dots 表面的官能团。如图3 - 2 所示,在 2 974 cm^{-1} 和 1 602 cm^{-1} 的吸收峰是多环芳烃的 C═C 伸缩振动模式,在 1 680 cm^{-1} 处有羰基的特征吸收峰,1 727 cm^{-1} 和 1 096 cm^{-1} 两处特征峰的出现说明有羧基存在,而 3 425 cm^{-1} 吸收峰是由于—OH 的伸缩振动。实验结果表明 C-dots 的表面有羧基及羟基存在。更重要的是,

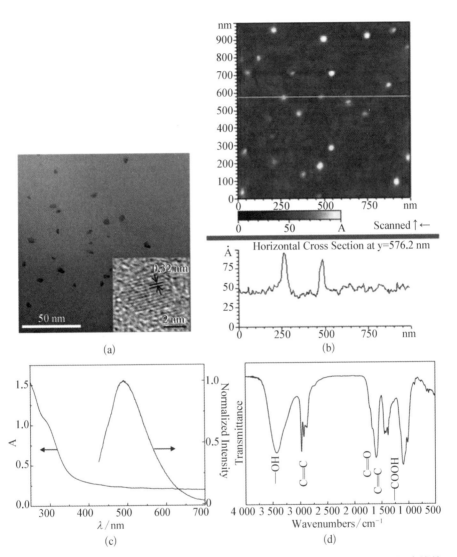

图 3-2　(a) C-dots 的 **TEM** 图和 **HRTEM** 图;(b) **C-dots** 的 **AFM** 地形图以及沿直线的
高度图;(c) **C-dots** 的紫外可见吸收光谱图与荧光发射光谱图(λ_{ex}=**400 nm**);
(d) **C-dots** 的红外吸收光谱图

C-dots 的荧光强度大,肉眼可以非常容易地观察到 C-dots 的荧光发射。以罗丹明为参比,计算出 C-dots 在 400 nm 激发时的量子产率(Φ_F)是 $(10.0\pm0.6)\%$。

3.3.1.2　AE-TPEA 的表征

[N-(2-aminoethyl)-N,N′,N′-tris(pyridin-2-ylmethyl)ethane-1, 2-diamine](AE-TPEA)为黄褐色化合物,其中^{1}H、^{13}C 核磁共振波谱如图 2-5 和 2-6 所示。

^{1}H NMR(400 MHz, CDCl$_3$):δ 8.52(d, J=4.4 Hz, 2H), 8.49(d, J=4.4 Hz, 1H), 7.62(t, J=8.0 Hz, 2H), 7.57(t, J=8.0 Hz, 1H), 7.47(d, J=8.0 Hz, 2H), 7.35(d, J=8.0 Hz, 1H), 7.1～7.15(m, 3H), 3.81(s, 4H), 2.72(s, 4H), 2.69(t, J=6.0 Hz, 2H), 2.52(t, J=6.0, 2H), 1.60(br, 2H)。

^{13}C NMR(100 MHz, CDCl$_3$):δ 159.7, 159.4, 148.7, 148.6, 136.1, 136.0, 122.6, 122.5, 121.7, 121.6, 60.8, 60.5, 57.5, 52.3, 52.1, 39.5. TOF MS EI$^+$: calculated for [M+H]$^+$ 376.237 5, found 376.237 7。

3.3.1.3　CdSe@SiO$_2$ 的表征

采用反相胶束法[137],将 CdSe/ZnS 量子点表面覆盖二氧化硅壳层,以减少与外界环境的接触。如图 3-3 所示,CdSe@SiO$_2$ 颗粒具有核-壳结构,尺寸在 50 nm 左右,由于表面修饰有 3-氨基丙基三乙氧基硅烷,CdSe@SiO$_2$ 纳米颗粒在水溶液中成单分散状态。荧光光谱表征发现 CdSe@SiO$_2$ 颗粒的荧光发射峰(λ_{em}=644 nm)相对于 CdSe/ZnS 量子点(λ_{em}=650 nm)的荧光发射峰蓝移了 6 nm(图 3-4)。虽然 CdSe/ZnS 量子点包覆硅球后其荧光发生部分猝灭,但是 CdSe@SiO$_2$ 颗粒的荧光强度依然很强。

3.3.1.4　CdSe@C-TPEA 的表征

为了能够选择性识别铜离子,我们通过氨基化有机功能配体 TPEA 合成了可以修饰在 C-dots 表面的 AE-TPEA,然后利用 EDC 催化缩合反应将 AE-TPEA 修饰到 C-dots 表面。该反应可以通过红外光谱实验验证,如

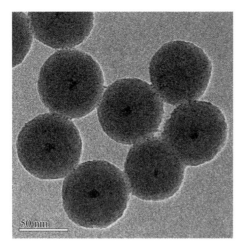

图 3 - 3　CdSe@SiO₂ 的 TEM 图

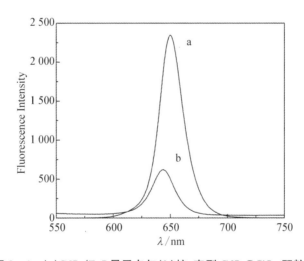

图 3 - 4　(a)CdSe/ZnS 量子点与(b)核-壳型 CdSe@SiO₂ 颗粒的
荧光光谱图(用 CdSe/ZnS 的含量校准荧光光谱强度)

图 3-5 所示,在 3 349 cm⁻¹ 处的吸收峰来自 N—H 键伸缩振动,1 478 cm⁻¹ 和 1 651 cm⁻¹ 两处特征吸收峰的出现分别是由 N—H 键的弯曲振动吸收和 C=O 键的伸缩振动吸收引起,说明在 C-dots 表面有酰胺键生成。

　　如图 3-6 所示,在合成的 CdSe@C - TPEA 纳米复合探针中,C-dots

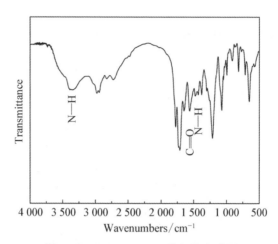

图 3 - 5　C-dots - TPEA 的红外光谱图

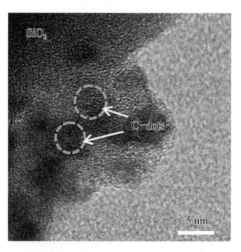

图 3 - 6　CdSe@C - TPEA 的 TEM 图

结合在硅球表面。使用荧光光谱表征,CdSe@C - TPEA 纳米复合材料在 400 nm 激发下具有 485 nm 和 644 nm 两个荧光发射峰(图 3 - 7),分别来自结合在硅球表面的 C-dots-TPEA 与包裹在硅球核心的 CdSe/ZnS 量子点。

3.3.2　CdSe@C - TPEA 检测 Cu²⁺

如图 3 - 8 所示,由于 CdSe/ZnS 量子点表面包覆 SiO₂ 壳层后可以不

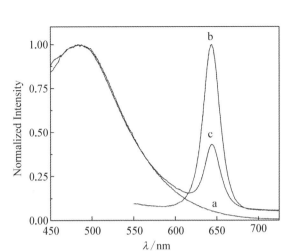

图 3 - 7　(a)C-dots-TPEA、(b)CdSe@SiO₂ 与(c)CdSe@C - TPEA 的荧光光谱图

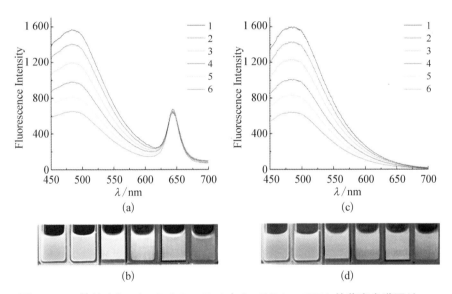

图 3 - 8　Cu²⁺ 滴定(a、b)CdSe@C - TPEA 与(c、d)C-dots-TPEA 的荧光光谱图($\lambda_{ex}=$ 400 nm)以及对应溶液的荧光颜色变化图($\lambda_{ex}=365$ nm)。(b、d)比色皿中 CuCl₂ 的浓度从左往右依次是 0、10、20、30、40 和 50 μmol/L。

受外界环境如金属离子的干扰,而 C-dots 表面修饰 AE - TPEA 后能够螯合 Cu²⁺,所以加入 Cu²⁺ 后 C-dots 的蓝色荧光强度逐渐减弱,而来自 CdSe/ ZnS 量子点的红色荧光强度保持不变。重要的是,两个荧光发射峰的比值发生微小变化即能引起溶液颜色发生肉眼可察觉的变化。通过制备单发射型荧光探针 C-dots-TPEA 进行比较,如图 3-8 所示,可以发现在相同的蓝色荧光猝灭强度下,C-dots-TPEA 溶液的颜色变化很小,而 CdSe@C-TPEA 溶液的颜色变化明显。实验证明比率型荧光探针比单发射猝灭型荧光探针的灵敏度高,能够用于金属离子的可视化检测。作为 Cu^{2+} 响应型荧光探针,该探针的检测限可以达到 $1×10^{-6}$ mol/L,并且具有较宽的检测范围(10^{-6}~10^{-4} mol/L)。另外,Cu^{2+} 与 TPEA 的螯合反应可以在 1 min 之内完成。以上实验结果表明 CdSe@C-TPEA 纳米复合探针能够用于生物体内 Cu^{2+} 的快速灵敏传感。

3.3.3 CdSe@C-TPEA 的荧光稳定性

CdSe@C-TPEA 纳米复合探针在被 400 nm 激发光(Xe 灯,90 W)连续 2 h 的照射后荧光强度没有明显变化(<5%,如图 3-9),说明荧光探针具有良好的抗光漂白性。并且,该无机-有机纳米复合探针在 pH 4~7 的缓冲溶液中荧光发射峰的强度比(F_{485}/F_{644})变化很小(图 3-10)。基于以

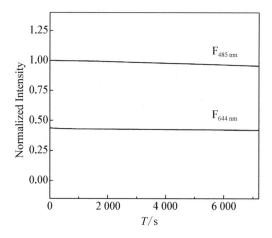

图 3-9　CdSe@C-TPEA 在连续 2 h 的照射下($\lambda_{ex}=$ 400 nm)荧光强度随时间变化的曲线

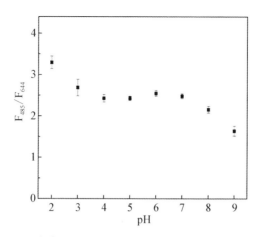

图 3 - 10　溶液 pH 对 CdSe@C - TPEA 纳米探针的荧光影响

上实验结果可以看出,相比于有机荧光染料,该纳米复合探针具有优异的抗光漂白性和不受生理 pH 变化影响的能力。

3.3.4　CdSe@C - TPEA 的选择性

细胞内的复杂环境不仅影响传感器的灵敏度,而且对其选择性提出了更高的要求,因此我们进一步研究了生物体内其他常见的金属离子对探针的可能影响或者干扰。如图 3 - 11 所示,即使 Na^+、K^+、Ca^{2+}、Mg^{2+} 的浓度达到 1 mmol/L 时,它们对 CdSe@C - TPEA 的荧光强度比值(F_{485}/F_{644})均没有明显干扰。第一排 d 轨道金属离子 Mn^{2+}、Fe^{2+}、Co^{2+}、Ni^{2+}、Zn^{2+}、Cd^{2+} 和 Cu^+ 在溶液中的浓度分别为 50 μmol/L 时,它们对 CdSe@C - TPEA 也没有明显干扰。更重要的是,这些金属离子与 Cu^{2+} 共存时,不影响传感器对 Cu^{2+} 的检测。

通过 Stern-Volmer 方程(式 3 - 1)尝试建立 Cu^{2+} 猝灭 C-dots-TPEA 的荧光与 Cu^{2+} 浓度的关系:

$$F_0/F = 1 + K_{sv}[Q] \tag{3-1}$$

式中,F_0 和 F 分别代表没有 Cu^{2+} 和在一定浓度 Cu^{2+} 存在时纳米复合探针

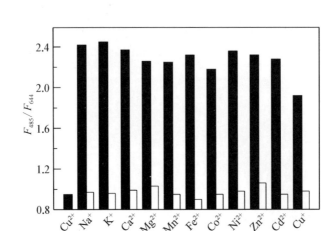

图 3 - 11　CdSe@C - TPEA 纳米探针对金属离子的选择性。黑色柱代表在 0. 02 mg/mL 的 CdSe@C - TPEA 溶液中加入某种金属离子 (1 mmol/L 的 Na⁺、K⁺、Ca²⁺、Mg²⁺，50 μmol/L 的其他金属离子)。白色柱代表在上述溶液中加入 50 μmol/L 的 Cu²⁺

的蓝色荧光强度($\lambda_{em}=485$ nm)；K_{sv} 是 Stern-Volmer 猝灭常数；$[Q]$ 是 Cu^{2+} 浓度。如图 3 - 12 是描述 F_0/F 与$[Q]$关系的 Stern-Volmer 曲线，具有良好的线性关系。通过该计算得出 $K_{sv}=7.2\times10^4$ L/mol，这比 PEG 修饰 C-dots 的 K_{sv} 大许多[138]，表明 C-dots 表面修饰的 AE - TPEA 分子对 Cu^{2+} 具有很强的亲和力。进一步通过式 3 - 2 计算得到双分子猝灭常数 (k_q)是 1.8×10^{13} $M^{-1}s^{-1}$($\tau_0\approx4$ ns)，该值远大于溶液中的双分子猝灭常数上限[139]，说明该荧光猝灭不是由于碰撞猝灭引起，而是 Cu^{2+} 被螯合在 C-dots 表面后 C-dots 与 Cu^{2+} 之间有可能存在高效的电子转移导致双分子猝灭常数增大。由于 C-dots 的荧光发射也被认为可能来自其表面电子-空穴的辐射复合[138,140]，所以可能是因为发生了从 C-dots 到 TPEA - Cu^{2+} 的电子转移导致 Cu^{2+} 能够猝灭 C-dots。

$$K_{sv}=\tau_0 k_q \qquad (3-2)$$

按照文献报道[141]，TPEA 官能团也可以螯合诸如 Ni^{2+}、Zn^{2+}、Cu^+、Co^{2+} 等离子形成配合物。但是，从 C-dots 到金属离子的电子转移需要合适

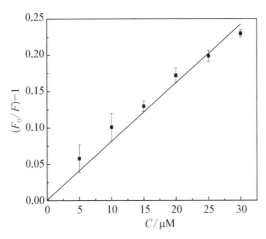

图 3 - 12　Cu^{2+} 猝灭 C-dots-TPEA 荧光的 Sterm-Volmer 曲线

的电位。由于 $E^0_{Cu^{2+}/Cu^+}$ 或者 $E^0_{Cu^{2+}/Cu}$ 比 $E^0_{Ni^{2+}/Ni}$、$E^0_{Co^{2+}/Co}$、$E^0_{Cd^{2+}/Cd}$、$E^0_{Fe^{2+}/Fe}$、$E^0_{Zn^{2+}/Zn}$ 和 $E^0_{Mn^{2+}/Mn}$ 更正,比 $E^0_{Cu^+/Cu}$ 和 $E^0_{Fe^{3+}/Fe^{2+}}$ 更负[142],$E^0_{Cu^{2+}/Cu^+}$ 或者 $E^0_{Cu^{2+}/Cu}$ 可能最适合发生从 C-dots 到金属离子的电子转移,而其他离子对的形式电位可能不合适。因此,C-dots-TPEA 作为猝灭型传感单元对 Cu^{2+} 具有较好的选择性应该是由于 C-dots 到 TPEA - Cu^{2+} 的电子转移相比其他金属离子更容易,而不是因为 TPEA 官能团不能螯合其他金属离子。

同时,由于细胞内同时存在多种氨基酸并且能够与各种金属离子发生相互作用,因此,我们继续考察了细胞内常见的十几种氨基酸对 CdSe@C - TPEA 纳米复合探针的荧光干扰。如图 3 - 13 所示,CdSe@C - TPEA 溶液中加入 100 $\mu mol/L$ 的氨基酸后,荧光强度比值(F_{485}/F_{644})没有明显变化。更重要的是,与各种氨基酸共存时,并不影响 CdSe@C - TPEA 探针对 Cu^{2+} 的荧光检测。

3.3.5　CdSe@C - TPEA 的细胞毒性

CdSe@C - TPEA 荧光探针检测 Cu^{2+} 的分析性能使其具备了细胞内 Cu^{2+} 检测的能力。在进行生物成像与传感细胞内的 Cu^{2+} 实验前,我们首先

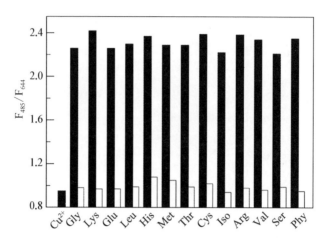

图3-13 CdSe@C-TPEA 纳米探针对氨基酸的抗干扰性。黑色柱代表在 0.02 mg/mL 的 CdSe@C-TPEA 溶液中加入某种氨基酸(100 μmol/L)。白色柱代表在上述溶液中加入 50 μmol/L 的 Cu^{2+}

考察了 CdSe@C-TPEA 纳米复合材料对于 HeLa 细胞(人类宫颈癌细胞)的毒性。通过细胞增殖实验(MTT 法),如图 3-14 所示,CdSe@C-TPEA 在培养基中的浓度达到 0.1 mg/mL 时细胞活性仍大于 90%。实验结果证明基于 CdSe@C 的纳米复合探针对细胞的毒性很小,具有良好的生物相容性。

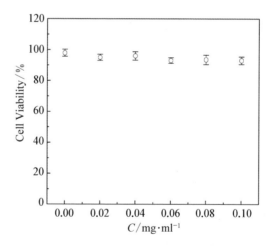

图3-14 基于 MTT 增值实验计算细胞活性的结果,CdSe@C-TPEA 纳米探针的浓度分别是 0、0.02、0.04、0.06、0.08、0.1 mg/mL

3.3.6 基于 CdSe@C‑TPEA 的细胞内 Cu²⁺ 成像与传感

基于无机-有机纳米复合探针 CdSe@C‑TPEA 良好的选择性、生物相
容性与荧光稳定性,我们尝试使用 CdSe@C‑TPEA 检测细胞内 $Cu^{+/2+}$ 动
态转换过程中 Cu^{2+} 浓度的变化。首先,将 HeLa 细胞与纳米探针 CdSe@C‑
TPEA 及佛波醇‑12,13‑二丁(PDBu 一种促进内吞活动的试剂)共同培养
在 PBS 溶液中[143],然后在细胞培养箱中保存 2 h 以利于细胞内吞荧光纳
米探针。用空白 PBS 溶液冲洗细胞后,在激光扫描共聚焦显微镜下观察到
在细胞多个器官内存在发光纳米颗粒。同时,通过在细胞内进行原位光谱
扫描实验,进一步证明了荧光纳米颗粒进入细胞后仍然保持了双发射属
性。基于以上结果,我们进一步在细胞培养液中加入 $CuCl_2$ 与吡咯烷二硫
代氨基甲酸(PDTC,促进细胞吸收 Cu^{2+} 的生物试剂)来提高细胞内 Cu^{2+} 的
浓度[128],然后使用荧光共聚焦显微镜成像细胞内的纳米探针。如图 3‑15

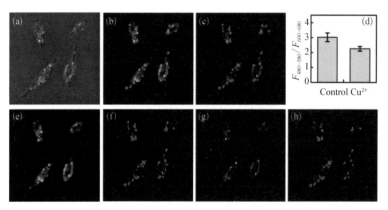

图 3‑15 (a) HeLa 细胞与 CdSe@C‑TPEA(0.05 mg/mL)及 PDBu(0.1 μmol/L)共培
养在 PBS 溶液(pH 7.4,310 K,5%CO₂)中 2 h 后的共聚焦荧光与明场叠加
图;(b、c) HeLa 细胞在外源性铜处理(100 μmol/L $CuCl_2$ 和 100 μmol/L
PDTC)前后的共聚焦荧光图;(d) HeLa 细胞内发光纳米颗粒在两个检测波
长范围(480~580 nm 与 600~680 nm)的荧光强度比值随外源性铜源的变
化;(e、g) 外源性铜源处理前后在 480~580 nm 收集荧光的共聚焦荧光图
片;(f、h) 外源性铜源处理前后在 600~680 nm 收集荧光的共聚焦荧光图
片。以上图片的比例尺都是 25 μm

所示，经过外源性 Cu^{2+} 处理后，纳米探针的荧光颜色由黄绿色（图 3－15b）转变为红色（图 3－15c），并且细胞内荧光光谱也发生了相似的变化（图 3－16）。通过对比加入 $CuCl_2$ 前后两个荧光收集通道的变化可以更加容易地观察到比率型荧光探针的变化。如图 3－15e～h，绿色通道中来自 C-dots 发射的荧光强度在加入 $CuCl_2$ 后逐渐变暗，而红色通道中来自 CdSe/ZnS 的荧光强度基本不变。细胞荧光成像实验证明基于 CdSe@C－TPEA 的纳米复合探针能够用于细胞内金属离子的直接检测与研究。

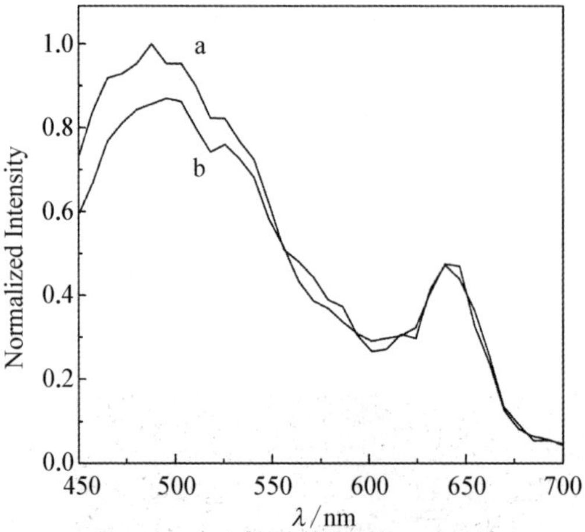

图 3－16　使用外源性铜（100 μmol/L $CuCl_2$ 和 100 μmol/L PDTC）(a) 处理前与 (b) 处理后的细胞内 CdSe@C－TPEA 的荧光光谱图

3.4　本章结论

本章设计并制备了无机纳米复合物 CdSe@C 与有机功能配体 AE－TPEA，利用无机-有机纳米复合探针中无机纳米材料所具有的双发射属性与有机分子的选择性识别功能相结合，发展了一种高灵敏、高选择性检测 Cu^{2+} 的比率型荧光传感方法。同时该纳米复合材料具有较好的水溶性、荧光稳定性和较低的细胞毒性,因此进一步应用于细胞内 Cu^{2+} 的浓度变化的检测与成像。本章发展的基于 C-dots 的比率型荧光探针不仅为研究生物体内的金属离子或者其他小分子提供了灵敏与可靠的分析方法,而且有助于继续研究某些生物小分子与人体生理病理的关系。

第 4 章

基于石墨烯量子点的双光子比率型探针荧光成像细胞和组织内的铜离子

4.1 概　述

由于 Cu^{2+} 具有极其重要的作用[144-145],研究者基于核酸、蛋白质和小分子荧光团已经发展了多种 Cu^{2+} 荧光探针[53,121f,121g,146]。如前两章所述,为了提高荧光法检测细胞内 Cu^{2+} 的准确性,我们基于无机-有机纳米复合材料发展了比率型荧光传感器;为了克服细胞内的复杂环境对荧光探针的干扰,我们设计并合成了金属离子配体 AE - TPEA;通过制备具有出色生物相容性的碳纳米点并应用于纳米复合材料,进一步提高了功能纳米探针在生物研究与应用中的安全性和可靠性。

但是,我们课题组之前制备的功能纳米探针都需要在短波长激发下通过单光子显微镜进行荧光成像,所以不适合组织与活体内的荧光成像(单光子在组织中的穿透深度一般小于 $80~\mu m$)。为了更加准确地理解铜的动态平衡与健康和疾病的关系,我们仍然需要进一步检测组织以及活体内的 Cu^{2+}。由于双光子显微镜具有大的穿透深度($>500~\mu m$)、只在局域激发和低的光毒性(近红外光激发)等优点,因此使用具有双光子吸收的荧光探针配合双光子显微镜在生物成像组织与活体内的 Cu^{2+} 时具有明显的优势[147]。

最近报道的石墨烯衍生碳点(也称为石墨烯量子点,GQDs)因具有良好的水溶性、生物相容性和优异的发光特性成为具有发展潜力的新一代发光纳米材料[148]。然而,发展基于 GQDs 的双光子荧光探针并用于生物成像与传感 Cu^{2+} 仍然是一个挑战。

本章制备了基于 GQDs 的双光子比率型荧光探针并成功用于活细胞和组织内 Cu^{2+} 的成像与传感。这项工作主要有三个创新点:首先,如图 4-1 所示,具有蓝色荧光的 GQDs 与发射红色荧光的耐尔兰 A(Nile blue A)复合构成了具有双发射荧光的 GQD@Nile 纳米复合材料,其中 Nile blue A 不受铜离子干扰可以作为参比荧光以消除环境的影响;其次,通过巧妙地去除超氧化物歧化酶中的铜离子制备了去铜超氧化物歧化酶(E_2Zn_2SOD),其作为功能蛋白能够选择性地与 Cu^{2+} 重组复合;最后,将 E_2Zn_2SOD 与 GQD@Nile 耦合构成了 GQD@Nile-E_2Zn_2SOD 荧光探针。该无机-有机纳米复合探针在 800 nm 双光子激发下具有双发射荧光($\lambda_{em} = \sim 465$ nm 和 ~ 675 nm)。Cu^{2+} 存在时能够选择性地猝灭 GQDs 的蓝色荧光,而 Nile blue A 的红色荧光基本不受影响。由于两个荧光发射峰的比值发生变化,

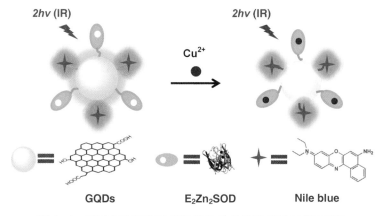

图 4-1　双光子比率型荧光传感 Cu^{2+} 的荧光探针与传感原理

导致纳米探针的荧光颜色从蓝色逐渐变为黄色,从而构成了比率型荧光传感器。重要的是,该荧光传感器能够选择性地响应 Cu^{2+},而来自生物体内的其他常见金属离子和氨基酸的干扰较少。同时,GQDs 本身具有优异的水溶性、良好的生物相容性以及荧光稳定性,因此基于 GQDs 的双光子比率型荧光传感器被成功应用于活细胞以及组织切片内($90\sim180\ \mu m$)Cu^{2+}的成像与传感。

4.2 实 验 部 分

4.2.1 试剂与材料

柠檬酸、铜锌超氧化物歧化酶、耐尔兰、抗坏血酸、二乙基二硫代氨基甲酸钠、碘化丙啶、乙二胺四乙酸、天冬氨酸、精氨酸、半胱氨酸、甘氨酸、谷氨酰胺、谷氨酸、组氨酸、异亮氨酸、亮氨酸、赖氨酸、甲硫氨酸、苯丙氨酸、丝氨酸、苏氨酸、酪氨酸、缬氨酸、四甲基偶氮唑、1-(3-二甲氨基丙基)-3-乙基碳二亚胺盐酸盐、N-羟基丁二酰亚胺、罗丹明 B(Sigma),Annexin V-FITC 细胞凋亡检测试剂盒(KeyGEN Biotech),氯化钾、氯化钠、氯化钙、氯化镁、氯化锰、氯化亚铁、氯化钴、氯化镍、氯化锌、氯化镉、氯化铜、氯化亚铜(国药集团化学试剂有限公司),高糖 DMEM 细胞培养基、胎牛血清、青霉素、链霉素、1×PBS(Gibco),硫酸奎宁(Aladdin),玻底培养皿(杭州生友生物技术有限公司)。

4.2.2 实验仪器

Nicolet 6700 傅里叶变换红外光谱仪(Thermo Scientific),8453 紫外-可见吸收光谱仪(Agilent),F-2700 荧光光谱仪(Hitachi),JEM-2100 透射电子显微镜(JEOL),Multimode 8 原子力显微镜(Bruker),AV-400 核

磁共振仪(Bruker),PHI 5000 ESCA X 射线光电子能谱(Perkin-Elmer),
D8 X 射线衍射仪(Bruker AXS),GCT premier Time FOR flight 高分辨质
谱(沃斯特),FV1000 激光扫描共聚焦显微镜(Olympus),TCS SP8 MP 多
光子显微镜(Leica),Mira 900 锁模钛-蓝宝石激光器(Coherent),DMI6000
锁模钛-蓝宝石激光器(Mai Tai DeepSee),FLS 920 瞬态荧光光谱仪
(Edinburgh Instrument),Multiskan MK3 酶标仪(Thermo Scientific),细
胞流式仪(Becton Dickinson),PHS-25 数显 pH 计(上海精密科学仪器有
限公司)。

4.2.3　石墨烯量子点的合成

按照文献报道的方法[149],石墨烯量子点(GQDs)按照如下方法合成:
在 473 K 的温度下加热 30 min,柠檬酸(2 g)由固体转变为液体,颜色由无
色变为橙色。在剧烈搅拌下往上述溶液中加入 NaOH 溶液(100 mL,
10 mg/mL)。

4.2.4　去铜超氧化物歧化酶的制备

按照文献报道的方法[150],去铜超氧化物歧化酶(E_2Zn_2SOD)由如下方
法制备:首先,在 SOD 溶液(0.1 mmol/L,50 mmol/L PBS,pH 7.4)中加入
DDC(0.5 mmol/L)并在 310 K 的温度下反应 2 h。然后,借助紫外-可见分
光光度计测定 450 nm 波长处的吸光度,当吸光度不再发生变化后将上述
溶液在 39 000 g 下离心 30 min。最后,将上清液在二次水中透析,所制备的
E_2Zn_2SOD 溶液经过冻干后保存在 -20℃冰箱。

4.2.5　纳米复合探针 GQD@Nile-E_2Zn_2SOD 的制备

首先将 GQDs 与 E_2Zn_2SOD 和 Nile blue A 混合,然后迅速加入 EDC/
NHS(20 mmol/L)反应 2 h,最后使用超滤膜将 GQD@Nile-E_2Zn_2SOD 与

未发生耦合反应的 Nile blue A 和 EDC/NHS 分离并分散在 PBS 缓冲溶液中(0.01 mol/L,pH 7.4)。

4.2.6 线性光学实验

荧光光谱是在 1 cm 的石英比色皿中使用荧光光谱仪测定。荧光量子产率(Φ_F)通过如下方程计算:

$$\Phi_F = \Phi_{F\,ST} \times (Abs_{ST}/Abs_X) \times (\Sigma F_X/\Sigma F_{ST}) \times (\eta_X{}^2/\eta_{ST}{}^2) \quad (4-1)$$

式中,Φ_F 代表量子产率;Abs 代表吸光度;F 代表荧光强度;ΣF 是荧光光谱的峰面积;η 是溶剂的折光系数。ST 与 X 分别代表参比与样品。本文使用硫酸奎宁($\Phi_F = 0.54$)作为参比[151],在 400 nm 激发下测定荧光光谱。

4.2.7 双光子荧光光谱与双光子作用截面

本文借助飞秒荧光实验技术测定双光子作用截面($\Phi_F\sigma_{2P}$)[152]。双光子荧光光谱的测定是将泵浦激光器(锁模钛-蓝宝石激光器,脉冲时间是 80 fs,脉冲频率是 76 MHz)与光谱仪(HORIBA Model Ihr 550)联用。使用罗丹明 B(0.6 μmol/L 溶解在甲醇中)作为参比[153],在方程(4-2)中分别代入对应参比与样品的数值,然后将两方程相除可以计算得到样品的双光子作用截面。

$$F(t) = 0.5\eta C\Phi_F\sigma_{2P}g(8nP(t)^2/\pi\lambda) \quad (4-2)$$

式中,$F(t)$ 是某一时间的平均荧光光子通量;η 是荧光收集效率;C 是样品浓度;Φ_F 是荧光量子产率;σ_{2P} 是非线性双光子吸收截面;g 是二阶时间相干程度;n 是溶剂折射率;$P(t)$ 是瞬时入射功率;λ 是波长。

4.2.8 荧光寿命测定

本文通过时间相关单光子计数法测定荧光寿命,采用纳秒级氢气闪光灯作为激发光源(脉冲频率是 40 MHz),以 400 nm 作为激发波长,检测 465 nm 波长处的荧光信号。时间相关单光子计数实验的数据通过自带软件进行拟合分析。

4.2.9　双光子显微镜

双光子成像活细胞和组织切片使用多光子显微镜(Leica TCS SP8 MP),以锁模钛-蓝宝石激光器(Mai Tai Deep See,80 MHz,2 920 mW)作为激发光源,采用 10 倍干镜或者 63 倍油镜,在 200 MHz 的扫描速度下通过内置光电倍增管收集两个波长范围内的荧光信号(450~600 nm 和 620~700 nm),最终得到 1 024×1 024 分辨率和 8 位色彩空间的荧光图片。

4.2.10　细胞培养

4.2.10.1　细胞复苏

首先将培养液(RPMI 1640、FBS、F/S 的体积分数分别为:89%、10%、1%)置于 310 K 的水浴锅中预热,然后将装有 A549 细胞的冻存管由液氮罐迅速转移到 310 K 的水浴锅中,快速振荡后使细胞在 1 min 内解冻,冻存管的顶部尽量保持在水面以上以避免可能的污染。当细胞完全解冻后,用蘸有 70% 乙醇的纱布擦拭消毒冻存管。将解冻后的 A549 细胞转移到装有 15 mL 培养液的离心管后再将细胞悬液在 800 r/min 下离心 3 min,弃上清。最后加入 5 mL 新鲜培养液,待重新吹打均匀细胞后将细胞转移到细胞培养瓶中。用倒置显微镜观察细胞密度是否合适,然后将细胞培养瓶放入 310 K、5% CO_2 的恒温培养箱中培养。一般冻存良好的细胞,复苏培养 10 h 即可贴壁。待细胞培养 24~36 h 后,更换新鲜培养液一次。

4.2.10.2　细胞传代

培养的 A549 细胞形成单层汇合以后,首先吸弃细胞培养瓶中的旧培养液,用 PBS 润洗一遍。其次,加入 2 mL 0.25% 胰蛋白酶消化液并在恒温培养箱下反应 1~2 min。再次,加入等体积的新鲜培养液,将细胞吹打均匀后吸入 15 mL 离心试管中,在 800 r/min 的速度下离心 3 min。然后,小心倒弃上层清夜,加入适量新鲜培养液,将细胞重新吹打悬浮在新鲜培养液中,制备成单细胞悬液。最后,将一定体积细胞悬液转移到细胞培养瓶中,补足培养液,用倒置显微镜观察细胞密度合适后将细胞培养瓶放入 310 K、5%CO₂ 恒温培养箱中继续培养,待细胞达到一定密度后再进行传代。

4.2.10.3　细胞铺板

首先按 A549 细胞传代方法用胰蛋白酶消化液将细胞消化并制备出单细胞悬液,然后通过细胞计数计算出细胞的浓度后取一定体积细胞悬液置于无菌离心管中并加入所需体积的新鲜培养液稀释,最后按每孔所需细胞数量在无菌条件下向细胞培养板的培养孔中加入计算体积的细胞稀释液,待全部加好后,将细胞培养板置于 310 K、5%CO₂ 恒温培养箱中继续培养,当细胞密度达到要求后即可进行后续实验。

4.2.11　细胞毒性实验

MTT 法是一种检测细胞存活和生长的方法。检测原理为活细胞线粒体中的琥珀酸脱氢酶能使外源性 MTT 还原为水不溶性的蓝紫色结晶甲瓒并沉积在细胞中,而死细胞无此功能。二甲基亚砜(DMSO)能溶解细胞中的甲瓒,用酶标仪在 490 nm 波长处测定其吸光值(OD 值),来判断活细胞数量,OD 值越大,细胞活性越强。MTT 法实验步骤为:胰酶消化对数期细胞,终止后离心收集,制成细胞悬液,细胞计数调整其浓度至 3×10^4 个/mL。然后在 96 孔板中每孔加入 100 μL 细胞悬液,使待测细胞的密度为 3 000 个/孔。边缘孔用无菌 PBS 填充。将接种好的细胞培养板放入培养箱中培养,至细胞单层铺满孔底,加入浓度梯度的 GQD@Nile - E₂Zn₂SOD,设 5 个梯度、6 个副孔。然后放入细胞培养箱继续孵育 24 h 后,每孔加入 10 μL 5 mg/mL 的 MTT 溶液,继续培养 4 h。反应使用 150 μL DMSO 终止,放在摇床上避光低速振动 10 min。最后在酶联免疫检测仪 OD490 nm 处测量各孔的吸光值。

4.2.12　细胞流式实验

在正常细胞中,磷脂酰丝氨酸(PS)只分布在细胞膜脂质双层的内侧,而在细胞凋亡早期,细胞膜中的磷脂酰丝氨酸(PS)由脂膜内侧翻向外侧。Annexin V 是一种分子量为 35~36 kD 的 Ca^{2+} 依赖性磷脂结合蛋白,与磷脂酰丝氨酸有高度亲和力,故 Annexin V 通过细胞外侧暴露的磷脂酰丝氨酸与早期凋亡细胞的胞膜结合。可以灵敏检测早期凋亡的细胞。使用标记荧光素(FITC)的 Annexin V 作为荧光探针,可以利用流式细胞仪检测细胞凋亡的发生。

碘化丙啶(Propidium Iodide, PI)是一种核酸染料,它不能透过完整的细胞膜。但对凋亡中晚期的细胞和死细胞,PI 能够透过细胞膜而使细胞核染红。因此将 Annexin V 与 PI 配合使用,就可以将处于不同凋亡时期的细胞区分开来。

流式细胞仪检测细胞凋亡的操作方法大致如下:

(1) 悬浮细胞离心(2 000 r/min 离心 5 min)收集;贴壁细胞用不含 EDTA 的胰酶消化收集;

(2) 用 PBS 洗涤细胞二次(2 000 r/min 离心 5 min)收集 $1 \times 10^5 \sim 5 \times 10^5$ 细胞;

(3) 加入 500 μL 的 PBS 悬浮细胞;

(4) 加入 5 μL Annexin V - FITC 混匀后,再加入 5 μL Propidium Iodide 混匀;

(5) 室温、避光、反应 5~15 min;

（6）在 1 h 内，进行流式细胞仪的检测。

4.2.13　组织切片的制备与染色

本书所用组织切片来源于人类肺癌 A549 细胞。制备方法如下：在 6～8 周龄的 BALB/c 裸鼠右侧皮下注入 A549 细胞悬液（在 200 μL 无血清的 DMEM 培养基中含有约 2×10^6 个细胞）接种肿瘤。接种 15 d 后，将老鼠宰杀。切除肿瘤后，与 O.C.T 分子（Sakura® Finetek）作用形成冰冻样品。然后，使用振动叶片切割出 250 μm 厚的组织切片。将组织切片在 GQD@Nile-E_2Zn_2SOD 溶液中浸润 12 h 后，用 PBS 溶液洗涤。最后，在组织切片表面滴加 10% 甘油后用盖玻片与指甲油封装。

4.3　结果与讨论

4.3.1　GQD@Nile-E_2Zn_2SOD 的表征

本章采用柠檬酸碳化法制备 GQDs[149]。如图 4-2 所示，所制备的 GQDs 呈单分散状，尺寸在 10 nm 左右。从 AFM 的剖视图可以看出 GQDs 的厚度大约为 2 nm。X 射线衍射光谱图在大约 25° 位置有一符合石墨（002）晶面的衍射峰，说明采用碳化柠檬酸的方法制备出的 GQD 具有石墨结构[154]。通过红外光谱实验进一步表征 GQDs 表面的官能团，如图 4-3 所示，分别位于 3 447 cm^{-1}（ν_{O-H}）、1 685 cm^{-1}（$\nu_{C=O}$）、1 588 cm^{-1}（ν_{COO-}）、1 386 cm^{-1}（ν_{COO-}）和 1 119 cm^{-1}（ν_{C-OH}）的五个特征吸收峰的存在证明 GQDs 的表面含有羧基及羟基，这些官能团赋予 GQDs 良好的水溶性及分散性。

采用 EDC/NHS 催化缩合反应将含有氨基官能团的 Nile blue A 和 E_2Zn_2SOD 与 GQDs 耦合制备 GQD@Nile-E_2Zn_2SOD，该反应可以通过红

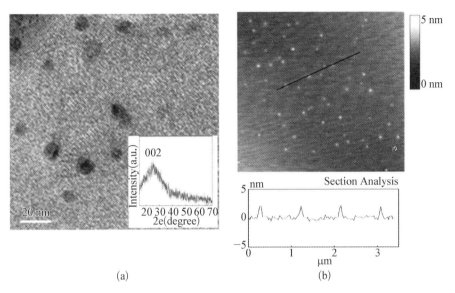

图 4 - 2　(a) GQDs 的 TEM 图,插图是 GQDs 的 X 射线衍射光谱图;
(b) GQDs 的 AFM 地形图以及沿直线的高度图

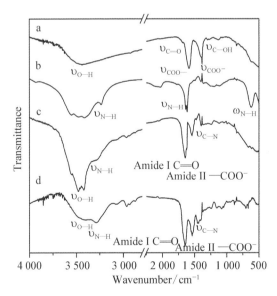

图 4 - 3　(a) GQDs,(b) Nile blue A,(c) E₂Zn₂SOD 和(d) GQD@Nile -
E₂Zn₂SOD 的红外吸收光谱图

外光谱与 X 射线光电子能谱(XPS)进行确认。如图 4-3 所示,位于 3 292 cm⁻¹(ν_{N-H})、1 645 cm⁻¹(Amide I$_{C=O}$)、1 539 cm⁻¹(Amide II$_{COO^-}$)和 1 450 cm⁻¹(ν_{C-N})的四个特征吸收峰表明在 GQDs 表面存在 Nile blue A 和 $E_2 Zn_2 SOD$ 分子。另外,我们也借助 X 射线光电子能谱印证上述分子的修饰过程。如图 4-4 所示,将 Nile blue A 修饰到 GQDs 表面后,通过 XPS 实验观察到 GQD@Nile 含有对应酰胺与季铵盐的 N_{1s} 电子的 XPS 谱线[155],说明有

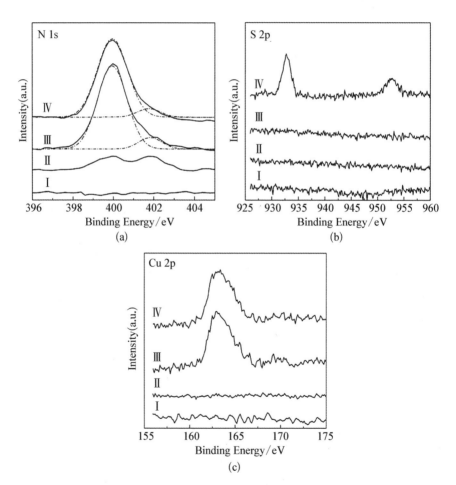

图 4-4　(Ⅰ) GQDs、(Ⅱ) GQD@Nile、(Ⅲ) GQD@Nile-$E_2 Zn_2 SOD$ 和(Ⅳ) GQD@Nile-$Cu_2 Zn_2 SOD$ 表面(a) N_{1s}、(b) S_{2p} 和(c) Cu_{2p} 的电子能谱

Nile blue A 分子键合到 GQDs 表面。然后,将 E_2Zn_2SOD 通过酰胺缩合反应键合在 GQD@Nile 表面后,可以观察到有新的 S_{2p} 电子的 XPS 谱线出现,该谱峰应该来源于所修饰蛋白质中的巯基或者双硫键。

通过柠檬酸碳化法合成的 GQDs 在 400 nm 单光子与 800 nm 双光子激发下都能产生荧光,其最大发射峰的位置在 465 nm(图 4-5)。并且,如图 4-6 所示,在 800 nm 双光子激发下,GQDs 的荧光强度与激发光强度的平方成正比,证明此时 GQDs 的发光来源于双光子吸收。采用硫酸奎宁作为参比[151],计算出 GQDs 在 400 nm 激发时的 Φ_F 是 $8.2\pm1.0\%$。重要的是,与其他石墨烯量子点或者碳纳米点不同,本文使用的 GQDs 的荧光发射峰不随激发波长改变而改变,说明 GQDs 表面所含的 sp^2 杂化碳簇可能具有相同的尺寸与状态。通过吸收光谱观察到 GQDs 在 360 nm 左右有一个半峰宽为 66 nm 的特征吸收峰(图 4-5),再次证明 GQDs 表面所含的 sp^2 杂化碳簇具有相同的尺寸。并且,GQDs 的特征吸收峰的位置与其最大激发荧光波长非常接近,表明 GQDs 吸收光子被激发后主要以辐射能形式失活,从而有利于提高量子产率。

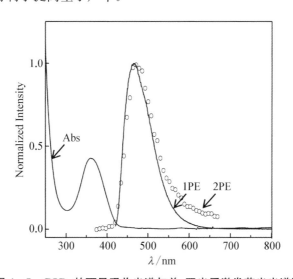

图 4-5　GQDs 的可见吸收光谱与单、双光子激发荧光光谱图

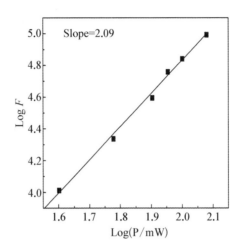

图 4-6　GQDs 的荧光强度与激发光强度($\lambda_{ex}=800$ nm)的二次方关系

由于 Nile blue A 在 800 nm 激发下也具有双光子吸收[156],所以耦合有 Nile blue A 的无机-有机纳米复合材料 GQD@Nile 与 GQD@Nile-E_2Zn_2SOD 在双光子激发下具有双发射荧光,其发射峰分别位于 465 nm 和 675 nm(图 4-7、图 4-8)。通过飞秒荧光测定技术[152],计算出 GQDs 与 Nile blue A 在 800 nm 激发下的双光子作用截面($\Phi_F\sigma_{2P}$)分别是(22.0 ± 6.0)GM 和(1.6 ± 0.5)GM。

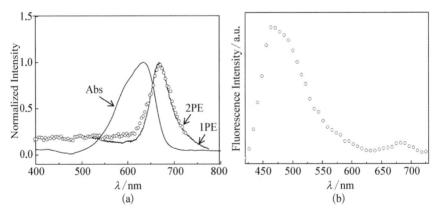

图 4-7　(a) Nile blue A 溶液的吸收光谱图、在 400 nm 单光子激发和 800 nm 双光子激发下的荧光光谱图;(b) GQD@Nile 溶液(20 mmol/L HEPES,pH 7.4)在 800 nm 双光子激发下的荧光光谱图

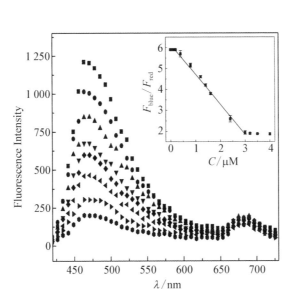

图 4 - 8　CuCl₂ 滴定 GQD@Nile - E₂Zn₂SOD(0. 1 mg/mL)溶液的双光子
荧光光谱图,插图是 F_{blue}/F_{red} 与 Cu^{2+} 浓度的关系

4. 3. 2　GQD@Nile - E₂Zn₂SOD 检测 Cu^{2+}

如图 4 - 8 所示,加入 Cu^{2+} 后 GQDs 的蓝色荧光强度逐渐减弱,而来自 Nile blue A 的红色荧光强度基本不变,因此两个荧光发射峰的比值 F_{blue}/F_{red}(F_{blue} 代表荧光发射峰在 450～600 nm 的积分面积,F_{red} 代表荧光发射峰在 620～700 nm 的积分面积)随 Cu^{2+} 浓度的增大而逐渐减小。并且,该探针检测 Cu^{2+} 的线性范围是 2×10^{-7}～3×10^{-6} mol/L,检测限可以达到 1×10^{-7} mol/L,这与其他报道的 Cu^{2+} 荧光探针接近[53,121f,121g,146a]。E_2Zn_2SOD 与 Cu^{2+} 的相互作用可以通过紫外-可见吸收光谱与 XPS 表征。如图 4 - 9 所示,E_2Zn_2SOD 与 Cu^{2+} 重组后的 Cu_2Zn_2SOD 与天然 SOD 的吸收光谱一致,在 680 nm 附近有一特征吸收峰,而 Cu^{2+} 或者 E_2Zn_2SOD 的水溶液在此波长处没有特征吸收峰出现。并且,GQD@Nile - E₂Zn₂SOD 与 Cu^{2+} 反应后可以在 XPS 谱图(图 4 - 4c)中观察到对应 Cu_{2p} 的谱线(932. 74 eV 和

952.74 eV)。为了更好地理解 Cu^{2+} 猝灭荧光探针 GQD@Nile-E_2Zn_2SOD 的机理,我们尝试使用瞬态荧光光谱仪检测纳米探针的荧光寿命受 Cu^{2+} 的影响。如图 4-10 所示,没有 Cu^{2+} 时,纳米探针 GQD@Nile-E_2Zn_2SOD 中 GQD 的荧光寿命是 1.68 ns,加入化学计量的 Cu^{2+} 后,纳米复合探针中 GQD 的荧光寿命减小到 1.35 ns,表明该荧光猝灭行为可能是由于 GQDs 与 Cu^{2+} 之间的电荷转移引起[53,157]。

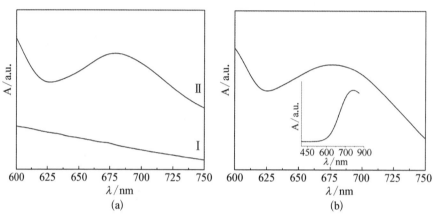

图 4-9 (a) E_2Zn_2SOD(Ⅰ)与重组后的 Cu_2Zn_2SOD(Ⅱ)的紫外-可见吸收光谱图;(b) 天然 SOD 的紫外-可见吸收光谱图,插图是 $CuCl_2$ 溶液的吸收光谱图

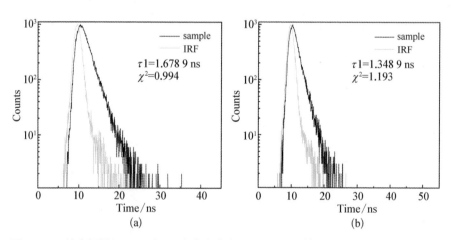

图 4-10 纳米探针(0.1 mg/mL)溶液中含有(a) 0 mM Cu^{2+} 或者(b) 3 mM Cu^{2+} 时的瞬态荧光光谱图

4.3.3　GQD@Nile‐E_2Zn_2SOD 的选择性

细胞内的复杂环境不仅影响传感器的灵敏度,而且对其选择性提出了更高的要求,因此在复杂体系中直接检测金属离子具有挑战性。本章我们进一步研究了生物体内常见的金属离子对探针的可能影响或者干扰。如图 4‐11a

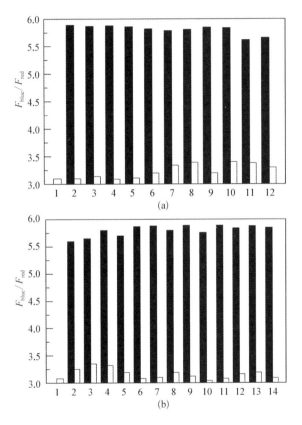

图 4‐11　(a) GOD@Nile‐E_2Zn_2SOD 对金属离子的选择性: 1～12 分别是 Cu^{2+}、Na^+、K^+、Ca^{2+}、Mg^{2+}、Mn^{2+}、Fe^{2+}、Co^{2+}、Ni^{2+}、Zn^{2+}、Cd^{2+} 和 Cu^+,黑色柱代表在 0.1 mg/mL 的 GOD@Nile‐E_2Zn_2SOD 溶液中加入某种金属离子(1 mmol/L 的 Na^+、K^+、Ca^{2+}、Mg^{2+},10 μmol/L 的其他金属离子),白色柱代表在上述溶液中加入 2 μmol/L 的 Cu^{2+};(b) GOD@Nile‐E_2Zn_2SOD 对氨基酸的抗干扰性: 1～14 分别是 Cu^{2+}、Arg、Cys、Gly、Glu、His、Ile、Lys、Leu、Met、Phy、Ser、Thr 和 Val,黑色柱代表在 0.1 mg/mL 的 GOD@Nile‐E_2Zn_2SOD 溶液中加入 10 μmol/L 某种氨基酸,白色柱代表在上述溶液中加入 2 μmol/L 的 Cu^{2+}

所示,即使 Na$^+$、K$^+$、Ca^{2+}、Mg^{2+} 的浓度达到 1 mmol/L 时,这些金属离子对 GQD@Nile－E$_2$Zn$_2$SOD 的比率荧光均没有明显干扰。第一排 d 轨道金属离子 Mn^{2+}、Fe^{2+}、Co^{2+}、Ni^{2+}、Zn^{2+}、Cd^{2+} 和 Cu$^+$ 在溶液中的浓度分别为 10 μmol/L 时,它们对 GQD@Nile－E$_2$Zn$_2$SOD 也没有干扰明显干扰。更重要的是,这些金属离子与 Cu^{2+} 共存时,不影响传感器对 Cu^{2+} 的检测。

考虑到细胞内也存在多种氨基酸并且能够与各种金属离子发生相互作用,我们继续考察了细胞内常见的十几种氨基酸对纳米复合探针 GQD@Nile－E$_2$Zn$_2$SOD 的荧光干扰。如图 4－11b 所示,GQD@Nile－E$_2$Zn$_2$SOD 溶液中加入 100 μmol/L 的某种氨基酸后,荧光积分强度比值(F_{blue}/F_{red})没有明显变化。同时,与各种氨基酸共存时,CdSe@C－TPEA 探针对 Cu^{2+} 的荧光检测也不受影响。

此外,该无机-有机纳米复合探针的荧光响应信号在有无 Cu^{2+} 时受溶液 pH 的影响都较小(图 4－12)。综合以上实验结果可以看出,基于 E$_2$Zn$_2$SOD 的纳米复合探针具有良好的抗干扰能力,能够选择性检测 Cu^{2+}。

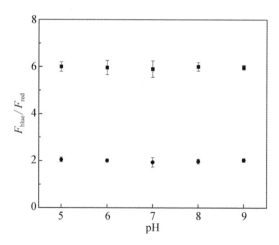

图 4－12　在 0 μmol/L(■)或者 3 μmol/L(●)Cu^{2+} 存在时,GOD@Nile－E$_2$Zn$_2$SOD(0.1 mg/mL)的荧光发射峰比值(F_{blue}/F_{red})与 pH 值的关系

4.3.4　GQD@Nile‐E_2Zn_2SOD 的细胞毒性

荧光探针 GQD@Nile‐E_2Zn_2SOD 在进行生物成像与生物传感细胞内 Cu^{2+} 的实验前,需要考察其对细胞的毒性。MTT 实验结果表明 GQD@Nile‐E_2Zn_2SOD 在培养基中的浓度达到 0.1 mg/mL(表 4-1)并且与 A549 细胞共同培养 48 h 时后的细胞活性仍大于 90%,证明基于 GQDs 的无机-有机纳米复合探针对细胞的毒性很小[158]。为了进一步考察 GQD@Nile‐E_2Zn_2SOD 的生物兼容性即对细胞健康状态的影响,本文又通过细胞流式实验测定了细胞凋亡状态。如图 4-13 所示,在含有 0.2 mg/mL GQD@Nile‐E_2Zn_2SOD 的培养基中培养 24 h 后的 A549 细胞与空白 A549 细胞相比,其处于健康状态、凋亡阶段与死亡阶段的细胞数目比例没有发生大的变化,进一步证明了纳米复合探针 GQD@Nile‐E_2Zn_2SOD 具有优异的生物兼容性,从而为其在生物体内的长时间应用提供了前提。

表 4-1　MTT 增值实验测定细胞活性与 GQD@Nile‐E_2Zn_2SOD 浓度的关系

concentration(mg·mL^{-1})	24 h	48 h
0	100	100
0.02	98.4±1.9	98.3±3.9
0.04	97.6±3.0	96.2±3.1
0.06	96.8±2.5	94.9±1.8
0.08	95.8±1.4	93.5±2.5
0.10	94.0±2.1	91.4±4.9

4.3.5　基于 GQD@Nile‐E_2Zn_2SOD 的细胞内 Cu^{2+} 成像与传感

基于无机-有机功能纳米探针 GQD@Nile‐E_2Zn_2SOD 良好的分析特

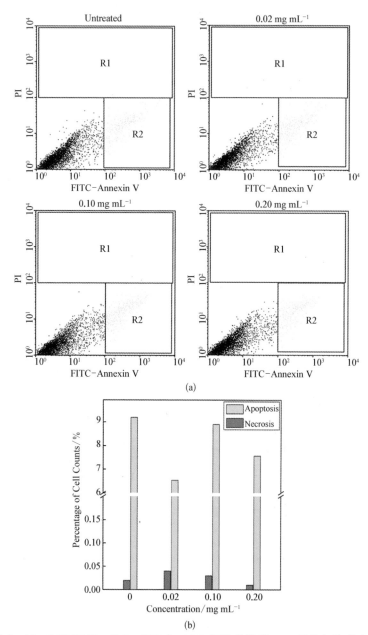

(a)

(b)

图 4-13 GOD@Nile-E₂Zn₂SOD 与 A549 细胞共培养 24 h 后的细胞凋亡检
测:(a) 细胞流式实验结果,R1 是死亡细胞区,R2 是早期凋亡细胞
区;(b) 凋亡细胞与死亡细胞的比率

性以及自身优异的水溶性和生物相容性,本章尝试将其用于双光子比率型荧光成像与传感活细胞内的 Cu^{2+}。纳米荧光探针 GQD@Nile‒E_2Zn_2SOD 通过内吞过程进入细胞后,如图 4‒14a 所示,原位荧光光谱扫描得到的双发射荧光光谱证明该功能纳米探针进入细胞后能够保持其原有的发光特性。同时,纳米复合探针 GQD@Nile‒E_2Zn_2SOD 在被 800 nm 双光子连续激发 2 h 后其荧光强度没有发生明显变化(<10%,如图 4‒14b),证明该荧

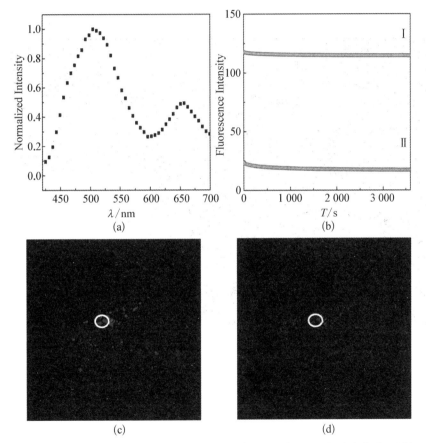

图 4‒14　(a) A549 细胞内的双光子荧光光谱扫描;(b) 在 A549 细胞内指定区域(c、d 中圆圈内的区域)的发光强度(I 是蓝色荧光通道 450~600 nm, II 是红色荧光通道 620~700 nm)随时间的变化;(c、d) GOD@Nile‒E_2Zn_2SOD 进入细胞后分别在蓝色荧光通道(450~600 nm)和红色荧光通道(620~700 nm)获取的荧光图片

光探针具有良好的抗光漂白性。

　　基于以上实验结果,本章使用双光子显微镜的光电倍增管检测器在两个波长范围内同时进行荧光成像(1 024×1 024 分辨率,8 位色彩空间),然后借助 Image-Pro Plus 软件对两张图像进行除法运算得到比率荧光图片。当玻底培养皿中没有外加 Cu^{2+} 时,荧光比率图片中的平均发光强度比值 (F_{blue}/F_{red}) 是 $(5.56±0.39)$% (图 4-15a),说明 A549 细胞在正常生理状态下含有的可交换 Cu^{2+} 的浓度很低。若细胞预先与 100 μmol/L 的 $CuCl_2$

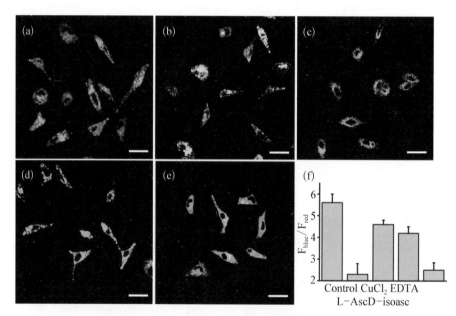

图 4-15　A549 细胞的双光子荧光比率图,标尺长度是 30 μm: (a) A549 细胞与 GQD@ Nile-E_2Zn_2SOD(0.1 mg/mL)共同培养 1 h 后的荧光比率图;(b) A549 细胞与 $CuCl_2$(100 μmol/L)预培养 4 h,然后再与 GQD@Nile-E_2Zn_2SOD(0.1 mg/mL)共同培养 1 h 后的荧光比率图;(c) A549 细胞与 $CuCl_2$(100 μmol/L)和 EDTA(100 μmol/L)先后预培养 4 h 和 0.5 h 后,再与 GQD@Nile-E_2Zn_2SOD (0.1 mg/mL)共同培养 1 h 后的荧光比率图;(d) A549 细胞与 $CuCl_2$ (100 μmol/L)和 L-抗坏血酸(100 μmol/L)先后预培养 4 h 和 0.5 h 后,再与 GQD@Nile-E_2Zn_2SOD(0.1 mg/mL)共同培养 1 h 后的荧光比率图;(e) A549 细胞与 $CuCl_2$(100 μmol/L)和 D-异抗坏血酸(100 μmol/L)先后预培养 4 h 和 0.5 h 后,再与 GQD@Nile-E_2Zn_2SOD(0.1 mg/mL)共同培养 1 h 后的荧光比率图;(f) 两荧光检测通道的平均发光强度比值(F_{blue}/F_{red})

溶液共培养,荧光比率图片中的平均发光强度比值(F_{blue}/F_{red})会降低到 $(2.18\pm0.51)\%$(图 4-15b),说明外源性 Cu^{2+} 进入细胞后提高了细胞内可交换 Cu^{2+} 的浓度,因为继续加入可渗入细胞膜的 Cu^{2+} 螯合剂乙二胺四乙酸会使荧光比率图片中的平均发光强度比值(F_{blue}/F_{red})恢复到 4.77 ± 0.20(图 4-15c)。

之前有文献采用生物化学方法发现 L-抗坏血酸会阻碍去铜超氧化物歧化酶的重组过程[159],为了进一步研究 Cu^{2+} 与 E_2Zn_2SOD 在细胞内的重组过程,本章借助功能纳米探针进行了比率荧光成像实验。结果证明先后使用 Cu^{2+}($100~\mu mol/L$)与 L-抗坏血酸($1~mmol/L$)处理过的 A549 细胞在双光子成像实验中所得到的荧光比率图片的平均发光强度比值(F_{blue}/F_{red})仅下降到 4.20 ± 0.30(图 4-15d),而如果将 L-抗坏血酸改为 D-异抗坏血酸,结果则与图 4-15(b)相似,F_{blue}/F_{red} 会下降到 2.42 ± 0.35。以上实验结果说明 L-抗坏血酸在细胞内有可能起到阻碍 Cu^{2+} 与 E_2Zn_2SOD 重组复合的作用。

4.3.6　基于 GQD@Nile-E_2Zn_2SOD 的组织内 Cu^{2+} 成像与传感

为了进一步研究双光子比率型纳米复合探针 GQD@Nile-E_2Zn_2SOD 在组织内荧光成像 Cu^{2+} 的可能,本章将肺癌组织切片浸润在 GQD@Nile-E_2Zn_2SOD 溶液($0.1~mg/mL$,$278~K$)中 $12~h$,然后使用 PBS 溶液洗去组织切片表面的纳米探针。由于组织切片本身厚度不均一,本文使用双光子显微镜在 $90\sim180~\mu m$ 深度区间(Z-扫描模式)同时扫描两个荧光收集通道(蓝色荧光通道 $450\sim600~nm$ 和红色荧光通道 $620\sim700~nm$),然后各自获取 10 张不同深度的荧光图片,最后借助 Image-Pro Plus 软件对上述图片进行比率运算得到荧光比率图片。如图 4-16 所示,通过 63 倍物镜可以观察到 Cu^{2+} 在构成组织的不同细胞中的浓度变化。而在组织切片 $120~\mu m$ 深度,荧光比率图片的平均发光强度比值(F_{blue}/F_{red})是 $5.78\pm$

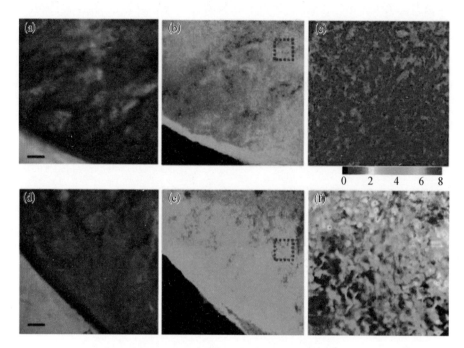

图 4 - 16　标记了 GQD@Nile - E_2 Zn_2 SOD 的肺癌组织切片的(a、b)明场图片与(d、e)荧光比率图片: 没有经过 $CuCl_2$ 预处理的肺癌组织切片的(a)明场图片和(b)荧光比率图片,标尺长度是 150 μm;预先经过 $CuCl_2$ (100 μmol/L)处理的肺癌组织切片的(d)明场图片和(e)荧光比率图片,标尺长度是 150 μm;(c)采用 63 倍物镜在(b)图中红色区域的 120 μm 深度获取的荧光比率图片;(f)采用 63 倍物镜在(e)图中红色区域的 120 μm 深度获取的荧光比率图片

0.56。如果使用 $CuCl_2$ 溶液(100 μmol/L)预处理组织切片,平均发光强度比值(F_{blue}/F_{red})会降低到 1.92±0.48。以上在组织切片中进行比率荧光成像 Cu^{2+} 的结果与在活细胞成像实验中(图 4 - 15)的分析结果接近。同时,我们成功在组织切片深度分别为 90、120、150 和 180 μm 处进行了双光子荧光成像(图 4 - 17)。以上实验结果初步证明本文制备的双光子比率型纳米复合探针能够用于组织内 Cu^{2+} 的荧光成像与传感。

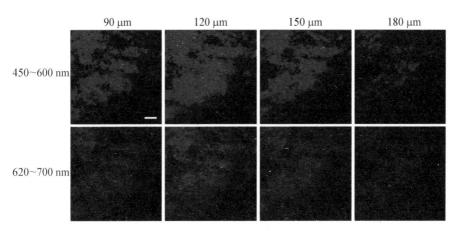

图 4‐17　肺癌组织切片的双光子激发（800 nm）荧光图片，标尺长度是 150 μm

4.4　本　章　结　论

本章设计并合成了具有双光子吸收的无机‐有机功能纳米探针 GQD@ Nile‐E_2Zn_2 SOD，并且发展了一种高灵敏、高选择性检测 Cu^{2+} 的比率型荧光传感方法。同时，基于该纳米复合材料优异的生物相容性、较好的水溶性和荧光稳定性，成功将功能纳米探针应用于双光子比率型荧光成像活细胞内和组织切片不同深度的 Cu^{2+}。基于以上实验结果，本章进一步研究了 L‐抗坏血酸对去铜超氧化物歧化酶重组过程的影响。本章既发展了一种基于无机‐有机功能纳米材料构建双光子比率型荧光探针的方法，也为研究铜离子的生理作用提供了分析方法，同时为检测生物体内的其他小分子提供了借鉴。

第5章

结论与展望

5.1 结　　论

本书将特异性识别单元(如有机小分子、生物分子)与具有优异光电特性的无机纳米材料(如半导体量子点、碳纳米点、石墨烯量子点)复合发展了三种 Cu^{2+} 比率型荧光探针。

(1) 通过在羧基化的 CdSe/ZnS 量子点表面修饰有机荧光分子 PYEA 和金属离子配体 AE - TPEA,既改进了 CdSe/ZnS 量子点对 Cu^{2+} 的选择性,也实现了双发射荧光,并且借助比率荧光成像法检测到细胞内 Cu^{2+} 浓度的变化。

(2) 考虑到半导体量子点对环境与生物的潜在危害,而 C-dots 具有生物相容性和表面易于功能化的优点,本文设计并合成了无机纳米复合物 CdSe@C 与有机功能配体 AE - TPEA,利用无机-有机纳米复合材料中无机纳米材料所具有的双发射属性与有机功能配体的选择性识别功能相结合,发展了一种高灵敏、高选择性检测 Cu^{2+} 的比率型荧光探针。同时该纳米复合材料具有较好的水溶性、荧光稳定性和生物相容性,被成功应用于细胞内 Cu^{2+} 的检测与成像。

（3）为了进一步荧光成像组织内的 Cu^{2+}，本文设计并合成了在双光子激发下具有双发射荧光的无机-有机功能纳米材料 $GQD@Nile-E_2Zn_2SOD$。由于 E_2Zn_2SOD 能够选择性地与 Cu^{2+} 重组后猝灭 GQDs 的蓝色荧光，而 Nile blue A 不受干扰，所以制备了一种可以选择性检测 Cu^{2+} 的双光子比率型荧光探针。同时，基于该纳米复合材料优异的分析特性，在实现双光子比率型荧光成像细胞和组织切片内的 Cu^{2+} 后，进一步研究了抗坏血酸处理细胞对去铜超氧化物歧化酶重组过程的影响。

（4）本文通过在半导体量子点、碳纳米点或者石墨烯量子点表面修饰有机小分子或者功能蛋白发展了三种 Cu^{2+} 比率型荧光探针，在实现比率荧光成像细胞内 Cu^{2+} 浓度的变化的同时，提高了比率型探针的选择性、荧光稳定性和生物相容性，并进一步实现双光子比率型荧光成像组织内的 Cu^{2+}。

5.2 展　　望

本书采用功能纳米探针初步实现了荧光成像细胞内 Cu^{2+} 的浓度变化，为研究铜离子在生理与病理过程中的作用提供了分析方法，但是仍然有许多工作需要完善。例如，基于新合成的 AE-TPEA 分子发展的两种比率型荧光传感器由于 TPEA 官能团对 Cu^{2+} 的亲和力很高，所以不能实现可逆地检测细胞内的 Cu^{2+}。另一方面，由于发光纳米颗粒比有机荧光分子尺寸大许多，与被动吸收有机荧光分子不同，细胞多是通过类似内吞的主动过程摄取发光纳米颗粒，这样就有可能造成纳米颗粒的周围环境不适合所设计的传感机理，因为在生物介质中有可能发生蛋白质吸附与纳米颗粒表面官能团的脱附等过程。同时，为了研究细胞内 Cu^{2+} 的生物功能，还需要发展具有定位细胞器功能的荧光探针，从而更全面地理解细胞内铜离子的水平与分布变化与某些生理病理的关系。此外,除了继续发展荧光探针外,还需关注对金属离子有特异性响应的磁共振成像与 X-射线荧光显微成像法,通过这些方法可以更好地检测生物体内的铜离子。

参考文献

［1］ Shibasaki M，Kanai M. Asymmetric Synthesis of Tertiary Alcohols and alpha-Tertiary Amines via Cu-Catalyzed C－C Bond Formation to Ketones and Ketimines［J］. Chemical Reviews，2008，108：2853－2873.

［2］ Yamada K，Tomioka K. Copper-catalyzed asymmetric alkylation of imines with dialkylzinc and related reactions［J］. Chemical Reviews，2008，108：2874－2886.

［3］ Stanley L M，Sibi M P. Enantioselective copper-catalyzed 1，3－dipolar cycloadditions［J］. Chemical Reviews，2008，108：2887－2902.

［4］ Deutsch C，Krause N，Lipshutz B H. CuH-catalyzed reactions［J］. Chemical Reviews 2008，108：2916－2927.

［5］ Meldal M，Tornøe C W. Cu-catalyzed azide-alkyne cycloaddition［J］. Chemical Reviews，2008，108：2952－3015.

［6］ Banci L，Bertini I，Cantini F，et al. Cellular copper distribution：a mechanistic systems biology approach［J］. Cellular and Molecular Life Sciences，2010，67：2563－2589.

［7］ Lutsenko S. Human copper homeostasis：a network of interconnected pathways ［J］. Current Opinion in Chemical Biology，2010，14：211－217.

［8］ Palmer C M，Guerinot M L. Facing the challenges of Cu，Fe and Zn homeostasis in plants［J］. Nature Chemical Biology，2009，5：333－340.

[9] Alberts B, et al. Molecular Biology of the Cell[M]. New York: Taylor & Francis Group, 2002.

[10] Bidlack W R Metal ions in biological systems: interrelations between free radicals and metal ions in life processes[J]. Journal of the American college of Nutrition, 1999, 28(4): 368 - 369.

[11] Boal A K, Rosenzweig A C. Structural biology of copper trafficking[J]. Chemical Reviews, 2009, 109: 4760 - 4779.

[12] Camakaris J, Voskoboini I, Mercer J F. Molecular mechanisms of copper homeostasis[J]. Biochemical and Biophysical Research Communications, 1999, 261: 225 - 232.

[13] Kim B - E, Nevitt T, Thiele D J. Mechanisms for copper acquisition, distribution and regulation[J]. Nature Chemical Biology, 2008, 4: 176 - 185.

[14] Prohaska J R, Gybina A A. Intracellular copper transport in mammals[J]. Journal of Nutrition, 2004, 134: 1003 - 1006.

[15] Puig S, Thiele D J. Molecular mechanisms of copper uptake and distribution[J]. Current Opinion in Chemical Biology, 2002, 6: 171 - 180.

[16] Rae T D, Schmidt P J, Pufahl R A, et al. Undetectable intracellular free copper: the requirement of a copper chaperone for superoxide Dismutase[J]. Science, 1999, 284: 805 - 808.

[17] Rosenzweig A C, O'Halloran T V. Structure and chemistry of the copper chaperone proteins [J]. Current Opinion in Chemical Biology, 2000, 4: 140 - 147.

[18] Waggoner D J, Bartnikas T B, Gitlin J D. The role of copper in neurodegenerative disease[J]. Neurobiology of Disease, 1999, 6: 221 - 230.

[19] Barnham K J, Masters C L, Bush A I. Neurodegenerative diseases and oxidative stress[J]. Nature Reviews Drug Discovery, 2004, 3: 205 - 214.

[20] Petris M, Mercer J, Camakaris J. The cell biology of the Menkes disease protein [J]. Advances in Experimental Medicine and Biology, 1999, 448: 53 - 66.

[21] Bertini I, Rosato A. Menkes disease. Cellular and Molecular Life Sciences 2008, 65: 89 - 91.

[22] Adlard P A, Bush A I. Metals and Alzheimer's disease [J]. Journal of Alzheimer's Disease, 2006, 10: 145 - 163.

[23] Donnelly P S, Xiao Z, Wedd A G. Copper and Alzheimer's disease [J]. Current Opinion in Chemical Biology, 2007, 11: 128 - 133.

[24] Uitti R J, et al. Regional metal concentrations in Parkinson's disease, other chronic neurological diseases, and control brains [J]. Canadian Journal of Neurolagical Sciences, 1989, 16: 310 - 314.

[25] Gaggelli E, Kozlowski H, Valensin D, et al. Copper homeostasis and neurodegenerative disorders (Alzheimer's, prion, and Parkinson's diseases and amyotrophic lateral sclerosis)[J]. Chemical Reviews, 2006, 106: 1995 - 2044.

[26] Brown D R. Brain proteins that mind metals: a neurodegenerative perspective [J]. Dalton Transactions, 2009, 4069 - 4076.

[27] Valentine J S, Hart P J. Bioinorganic Chemistry Special Feature: Misfolded CuZnSOD and amyotrophic lateral sclerosis [J]. Proceedings of the National Academy of Sciences of the United States of America, 2003, 100: 3617 - 3622.

[28] Bull P C, Thomas G R, Rommens J M, et al. The Wilson disease gene is a putative copper transporting P-type ATPase similar to the Menkes gene[J]. Nature Genetics, 1993, 5: 327 - 337.

[29] Que E L, Domaille D W, Chang C J. Metals in neurobiology: probing their chemistry and biology with molecular imaging[J]. Chemical Reviews, 2008, 108: 1517.

[30] Domaille D W, Que E L, Chang C J. Synthetic fluorescent sensors for studying the cell biology of metals [J]. Nature Chemical Biology, 2008, 4: 168 - 175.

[31] Shao X, Gu H, Wang Z, et al. Electrochemical strategy for monitoring of cerebral Cu^{2+} based on a Carbon Dot-TPEA hybridized surface[J]. Analyitcal Chemistry, 2013, 85: 418 - 425.

[32] Mermet J M. Is it still possible, necessary and beneficial to perform research in ICPatomic emission spectrometry [J]? Journal of Analytical Atomic Spectrometry, 2005, 20: 11-16.

[33] Kozma M, Szerdahelyi P, Kasa P. Histochemical detection of zinc and copper in various neurons of the central nervous system[J]. Acta Histochemica, 1981, 69: 12-16.

[34] Levenson C W, Janghorbani M, Long-term measurement of organ copper turnover in rats by continuous feeding of a stable isotope [J]. Analytical Biochemistry, 1994, 221: 243-249.

[35] Yang L C, et al. Imaging of the intracellular topography of copper with a fluorescent sensor and by synchrotron x-ray fluorescence microscopy [J]. Proceedings of the National Academy of Sciences of the United States of America, 2005, 102: 11179-11184.

[36] Zeng L, Miller E W, Pralle A. et al. A selective turn-on fluorescent sensor for imaging copper in living cells[J]. Journal of the American Chemical Society, 2006, 128: 10-11.

[37] Miller E W, Zeng L, Domaille D W, et al. Preparation and use of Coppersensor-1, a synthetic fluorophore for live-cell copper imaging [J]. Nature Protocols, 2006, 1: 824-827.

[38] Santo C E, et al. Bacterial killing by dry metallic copper surfaces[J]. Applied and Environmental Microbiology, 2011, 77: 794-802.

[39] Quaranta D, et al. Mechanisms of contact-mediated killing of yeast cells on dry metallic copper surfaces[J]. Applied and Environmental Microbiology, 2011, 77: 416-426.

[40] Schrag M, et al. Effect of cerebral amyloid angiopathy on brain iron, copper, and zinc in Alzheimer's disease[J]. Journal of Alzheimer's Disease, 2011, 24: 137-149.

[41] Domaille D W, Zeng L, Chang C J. Visualizing ascorbate-triggered release of

labile copper within living cells using a ratiometric fluorescent sensor[J]. Journal of the American Chemical Society, 2010, 132: 1194 - 1195.

[42] van Dongen E M W M, et al. Ratiometric fluorescent sensor proteins with subnanomolar affinity for Zn(II) based on copper chaperonedomains [J]. Journal of the American Chemical Society, 2006, 128: 10754 - 10762.

[43] Wegner S V, Arslan H, Sunbul M, et al. Dynamic copper(I) imaging in mammalian cells with a genetically encoded fluorescent copper(I) sensor[J]. Journal of the American Chemical Society, 2010, 132: 2567 - 2569.

[44] Wegner S V, Sun F, Hernandez N, et al. The tightly regulated copper window in yeast[J]. Chemical Communications, 2011, 47: 2571 - 2573.

[45] Kolb H C, Sharpless K B. The growing impact of click chemistry on drug discovery[J]. Drug Discovery Today, 2003, 8: 1128 - 1137.

[46] Zhou Z, Fahrni C J. A fluorogenic probe for the copper(I)-catalyzed azide-alkyne ligation reaction: Modulation of the fluorescence emission via $3(n, \pi^*) - 1(\pi, \pi^*)$ inversion[J]. Journal of the American Chemical Society, 2004, 126: 8862 - 8863.

[47] Viguier R F H, Hulme A N. A sensitized europium complex generated by micromolar concentrations of copper(I): Toward the detection of copper(I) in biology[J]. Journal of the American Chemical Society, 2006, 128: 11370 - 11371.

[48] Taki M, Iyoshi S, Ojida A, et al. Development of highly sensitive fluorescent probes for detection of intracellular copper(I) in living systems [J]. Journal of the American Chemical Society, 2010, 132: 5938 - 5939.

[49] Jung H S, et al. Coumarin-derived Cu(II)-selective fluorescence sensor: Synthesis, mechanisms, and applications in living cells[J]. Journal of the American Chemical Society, 2009, 131: 2008 - 2012.

[50] Xu Z, Yoon J, Spring D R. A selective and ratiometric Cu(II) fluorescent probe based on naphthalimide excimer-monomer switching [J]. Chemical

Communications, 2010, 46: 2563 – 2565.

[51] Dujols V, Ford F, Czarnik A W. A long-wavelength fluorescent chemodosimeter selective for Cu(II) ion in water [J]. Journal of the American Chemical Society, 1997, 119: 7386 – 7387.

[52] Xiang Y, Tong A, Jin P, et al. New fluorescent rhodamine hydrazone chemosensor for Cu (II) with high selectivity and sensitivity [J]. Organic Letters, 2006, 8: 2863 – 2866.

[53] Zhou Y, Wang F, Kim Y, et al. Cu(II)-selective ratiometric and "Off-On" sensorbased on therhodamine derivative bearing pyrene group [J]. Organic Letters, 2009, 11: 4442 – 4445.

[54] Swamy K M K, et al. Boronic acid-linked fluorescent and colorimetric probes for copper ions [J]. Chemical Communications, 2008, 5915 – 5917.

[55] Lin W, Yuan L, Tan W, et al. Construction of fluorescent probes via protection/deprotection of functional groups: A ratiometric fluorescent probe for Cu(II)[J]. Chemistry – A European Journal, 2009, 15: 1030 – 1035.

[56] Liu J, Lu Y. A DNAzyme catalytic beacon sensor for paramagnetic Cu(II) ions in aqueous solution with high sensitivity and selectivity [J]. Journal of the American Chemical Society, 2007, 129: 9838 – 9839.

[57] Somers R C, Bawendi M G, Nocera D G. CdSe nanocrystal based chem-/bio-sensors [J]. Chemical Society Reviews, 2007, 36: 579 – 591.

[58] Li J, Zhang J. Optical properties and applications of hybrid semiconductor nanomaterials. Coordination Chemistry Reviews, 2009, 253: 3015 – 3041.

[59] Chen Y, Rosenzweig Z. Luminescent CdS quantum dots as selective ion probes [J]. Analytical Chemistry, 2002, 74: 5132 – 5138.

[60] (a) Han C, Li H. Chiral Recognition of Amino Acids Based on Cyclodextrin-Capped Quantum Dots [J]. Small, 2008, 4: 1344 – 1350; (b) Konishi K, Hiratani T. Turn-On and Selective luminescence sensing of copper ions by a water-soluble $Cd_{10}S_{16}$ molecular cluster [J]. Angewandte Chemie International

Edition，2006，45：5191 – 5194；(c) Jin W J，Fernandez-Arguelles M T，Costa-Fernandez J M，et al. Photoactivated luminescent CdSe quantum dots as sensitive cyanide probes in aqueous solutions［J］. Chemical Communications，2005，883 – 885；(d) Tang B，Niu J Y，Yu C G，et al. Highly luminescent water-soluble CdTe nanowires as fluorescent probe to detect copper（Ⅱ）［J］. Chemical Communications，2005，4184 – 4186.

［61］ Cordes D B，Gamsey S，Singaram B. Fluorescent quantum dots with boronic acid substituted viologens to sense glucose in aqueous solution［J］. Angewandte Chemie International Edition，2006，45：3829 – 3832.

［62］ Touceda-Varela A，Stevenson E I，Galve-Gasion J A，et al. Selective turn-on fluorescence detection of cyanide in water using hydrophobic CdSe quantum dots ［J］. Chemical Communications，2008，1998 – 2000.

［63］ Banerjee S，Kar S，Santra S. A simple strategy for quantum dot assisted selective detection of cadmium ions［J］. Chemical Communications，2008，3037 – 3039.

［64］ Mulrooney R C，Singh N，Kaur N，et al. An "off-on" sensor for fluoride using luminescent CdSe/ZnS quantum dots［J］. Chemical Communications，2009，686 – 688.

［65］ Sandros M G，Gao D，Benson D E. A modular nanoparticle-based system for reagentless small molecule biosensing［J］. Journal of the American Chemical Society，2005，127：12198 – 12199.

［66］ Chen C Y，Cheng C T，Lai C W，et al. Potassium ion recognition by 15 –crown – 5 functionalized CdSe/ZnS quantum dots in H_2O［J］. Chemical Communications，2006，263 – 265.

［67］ De M，Ghosh P S，Rotello V M. Applications of nanoparticles in biology［J］. Advanced Materials，2008，20：4225 – 4241.

［68］ Medintz I L，Clapp A R，Mattoussi H，et al. Self-assembled nanoscale biosensors based on quantum dot FRET donors［J］. Nature Matererials，2003，

2：630－638.

[69] Goldman E R, Medintz I L, Whitley J L, et al. A hybrid quantum dot-antibody fragment fluorescence resonance energy transfer-based TNT sensor[J]. Journal of the American Chemical Society, 2005, 127：6744－6751.

[70] Freeman R, Bahshi L, Finder T, et al. Competitive analysis of saccharides or dopamine by boronic acid-functionalized CdSe－ZnS quantum dots[J]. Chemical Communications, 2009, 764－766.

[71] Medintz I L, Clapp A R, Melinger J S, et al. A reagentless biosensing assembly based on quantum dot-donor Förster resonance energy transfer[J]. Advanced Materials, 2005, 17：2450－2455.

[72] Snee P T, Somers R C, Nair G, et al. Ratiometric CdSe/ZnS nanocrystal pH sensor[J]. Journal of the American Chemical Society, 2006, 128：13320－13321.

[73] Lee Y E K, Smith R, Kopelman R. Nanoparticle PEBBLE sensors in live cells and in vivo[J]. In Annual Review of Analytical Chemistry, Annual Reviews：Palo Alto, 2009, 2：57－76.

[74] Buck S M, Xu H, Brasuel M, et al. Nanoscale probes encapsulated by biologically localized embedding (PEBBLEs) for ion sensing and imaging in live cells[J]. Talanta, 2004, 63：41－59.

[75] Xu H, Aylott J W, Kopelman R, et al. A real-time ratiometric method for the determination of molecular oxygen inside living cells using sol-gel-based spherical optical nanosensors with applications to Rat C6 Glioma[J]. Analytical Chemistry, 2001, 73：4124－4133.

[76] Koo Y－E L, Cao Y, Kopelman R, et al. Real-time measurements of dissolved oxygen inside live cells by organically modified silicate fluorescent nanosensors[J]. Analytical Chemistry, 2004, 76：2498－2505.

[77] Burns A, Sengupta P, Zedayko T, et al. Core/shell fluorescent silica nanoparticles for chemical sensing：towards single-particle laboratories[J].

Small, 2006, 2: 723 - 726.

[78] Pringsheim E, Zimin D, Wolfbeis O S. Fluorescent beads coated with polyaniline: a novel nnomaterial for optical sensing of pH [J]. Advanced Materials, 2001, 13: 819 - 822.

[79] Brasuel M G, Miller T J, Kopelman R, et al. Liquid polymer nano-PEBBLEs for Cl⁻ analysis and biological applications [J]. Analyst, 2003, 128: 1262 - 1267.

[80] Graefe A, Stanca S E, Nietzsche S, et al. Development and critical evaluation of fluorescent chloride nanosensors[J]. Analytical Chemistry, 2008, 80: 6526 - 6531.

[81] Chang Q, Zhu L, Jiang G, et al. Sensitive fluorescent probes for determination of hydrogen peroxide and glucose based on enzyme-immobilized magnetite/silica nanoparticles[J]. Analytical and Bioanalytical Chemistry, 2009, 395: 2377 - 2385.

[82] Anker J N, Kopelman R, Magnetically modulated optical nanoprobes [J]. Applied Physics Letters, 2003, 82: 1102 - 1104.

[83] Montalti M, Prodi L, Zaccheroni N. Fluorescence quenching amplification in silica nanosensors for metal ions [J]. Journal of Materials Chemistry, 2005, 15: 2810 - 2814.

[84] Xu X, Ray R, Gu Y, et al. Electrophoretic analysis and purification of fluorescent single-walled carbon nanotube fragments [J]. Journal of the American Chemical Society, 2004, 126: 12736 - 12737.

[85] Bourlinos A B, Stassinopoulos A, Anglos D, et al. Photoluminescent carbogenic dots[J]. Chemistry of Materials, 2008, 20: 4539 - 4541.

[86] Bourlinos A B, Stassinopoulos A, Anglos D, et al. Surface functionalized carbogenic quantum dots [J]. Small, 2008, 4: 455 - 458.

[87] Cao L, Wang X, Meziani M J, et al. Carbon dots for multiphoton bioimaging [J]. Journal of the American Chemical Society, 2007, 129: 11318 - 11319.

[88] Hu S, Cao S, Sun J. Preparation of fluorescent carbon nanoparticles by pulsed

laser [J]. Chemical Journal of Chinese Universities, 2009, 30: 1497 - 1500.

[89] Hu S L, Niu K Y, Sun J, et al. One-step synthesis of fluorescent carbon nanoparticles by laser irradiation [J]. Journal of Materials Chemistry, 2009, 19: 484 - 488.

[90] Liu H, Ye T, Mao C. Fluorescent carbon nanoparticles derived from candle soot [J]. Angewandte Chemie International Edition, 2007, 46: 6473 - 6475.

[91] Lu J, Yang J, Wang J, et al. One-pot synthesis of fluorescent carbon nanoribbons, nanoparticles, and graphene by the exfoliation of graphite in ionic liquids [J]. ACS Nano, 2009, 3: 2367 - 2375.

[92] Liu R, Wu D, Liu S, et al. An aqueous route to multicolor photoluminescent carbon dots using silica spheres as carriers [J]. Angewandte Chemie International Edition, 2009, 48: 4598 - 4601.

[93] Ray S C, Saha A, Jana N R, et al. Fluorescent carbon nanoparticles: synthesis, characterization, and bioimaging application [J]. The Journal of Physical Chemistry C, 2009, 113: 18546 - 18551.

[94] Sun Y P, Wang X, Lu F, et al. Doped carbon nanoparticles as a nw platform for highly photoluminescent dots[J]. The Journal of Physical Chemistry C, 2008, 112: 18295 - 18298.

[95] Sun Y P, Zhou B, Lin Y, et al. Quantum-sized carbon dots for bright and colorful photoluminescence [J]. Journal of the American Chemical Society, 2006, 128: 7756 - 7757.

[96] Tian L, Ghosh D, Chen W, et al. Nanosized carbon particles from natural gas soot [J]. Chemistry of Materials, 2009, 21: 2803 - 2809.

[97] Wang X, Cao L, Lu F, et al. Photoinduced electron transfers with carbon dots [J]. Chemical Communications, 2009, 3774 - 3776.

[98] Yang S T, Cao L, Luo P G, et al. Carbon cots for optical imaging in vivo [J]. Journal of the American Chemical Society, 2009, 131: 11308 - 11309.

[99] Yang S T, Wang X, Wang H, et al. Carbon dots as nontoxic and high-

performance fluorescence imaging agents [J]. The Journal of Physical Chemistry C, 2009, 113: 18110 - 18114.

[100] Zhao Q L, Zhang Z L, Huang B H, et al. Facile preparation of low cytotoxicity fluorescent carbon nanocrystals by electrooxidation of graphite[J]. Chemical Communications, 2008, 5116 - 5118.

[101] Zheng L, Chi Y, Dong Y, et al. Electrochemiluminescence of water-soluble carbon nanocrystals released electrochemically from graphite [J]. Journal of the American Chemical Society, 2009, 131: 4564 - 4565.

[102] Zhou J, Booker C, Li R, et al. An electrochemical avenue to blue luminescent nanocrystals from multiwalled carbon nanotubes (MWCNTs)[J]. Journal of the American Chemical Society, 2007, 129: 744 - 745.

[103] Zhu H, Wang X, Li Y, et al. Microwave synthesis of fluorescent carbon nanoparticles with electrochemiluminescence properties [J]. Chemical Communications, 2009, 5118 - 5120.

[104] Bottini M, Mustelin T. Carbon materials: nanosynthesis by candlelight[J]. Nature Nanotechnology, 2007, 2: 599 - 600.

[105] Peng H, Travas-Sejdic J. Simple aqueous solution route to luminescent carbogenic dots from carbohydrates[J]. Chemistry of Materials, 2009, 21: 5563 - 5565.

[106] Wilson W L, Szajowski P F, Brus L E. Quantum confinement in size-selected, surface-oxidized silicon nanocrystals [J]. Science, 1993, 262: 1242 - 1244.

[107] Pu S - C, Yang M - J, Hsu C - C, et al. The empirical correlation between size and two-photon absorption cross section of CdSe and CdTe quantum dots [J]. Small, 2006, 2: 1308 - 1313.

[108] Larson D R, Zipfel W R, Williams R M, et al. Water-soluble quantum dots for multiphoton fluorescence imaging in vivo [J]. Science, 2003, 300: 1434.

[109] Gao X, Yang L, Petros J A, et al. In vivo molecular and cellular imaging with quantum dots[J]. Current Opinion in Biotechnology, 2005, 16: 63 - 72.

[110] Hardman R. A toxicologic review of quantum dots: toxicity depends on physicochemical and environmental factors [J]. Environ Health Perspect, 2006, 14: 165 - 172.

[111] Jaiswal J K, Simon S M. Potentials and pitfalls of fluorescent quantum dots for biological imaging [J]. Trends in cell biology, 2004, 14: 497 - 504.

[112] Son Y W, Cohen M L, Louie S G. Half-metallic graphene nanoribbons. Nature 2006, 444: 347 - 349.

[113] Kusakabe K, Maruyama M. Magnetic nanographite [J]. Physical Review B, 2003, 67: 092406.

[114] Sun X, Liu Z, Welsher K, et al. Nano-graphene oxide for cellular imaging and drug delivery [J]. Nano Research, 2008, 1: 203 - 212.

[115] Eda G, Lin Y Y, Mattevi C, et al. Blue photoluminescence from chemically derived graphene oxide [J]. Advanced Materials, 2010, 22: 505 - 509.

[116] Pan D, Zhang J, Li Z, et al. Hydrothermal route for cutting graphene sheets into blue-luminescent graphene quantum dots [J]. Advanced Materials, 2010, 22: 734 - 738.

[117] (a) Waggoner D J, Bartnikas T B, Gitlin J D. The Role of Copper in Neurodegenerative Disease [J]. Neurobiology of Disease, 1999, 6: 221 - 230; (b) Barnham K J, Masters C L, Bush A I. Neurodegenerative diseases and oxidative stress [J]. Nature Reviews Drug Discovery, 2004, 3: 205 - 214; (c) Brown D R, Kozlowski H. Biological inorganic and bioinorganic chemistry of neurodegeneration based on prion and Alzheimer diseases [J]. Dalton Transactions, 2004, 1907 - 1917; (d) Que E L, Domaille D W, Chang C J. Metals in Neurobiology: probing their chemistry and biology with molecular imaging [J]. Chemical Reviews, 2008, 108: 1517 - 1549; (e) Banci L, Bertini I, Ciofi-Baffoni S, et al. Affinity gradients drive copper to cellular destinations [J]. Nature, 2010, 465: 645 - 648; (f) Qu W, Liu Y, Liu D, et al. Copper-Mediated Amplification Allows Readout of Immunoassays by the Naked Eye

[J]. Angewandte Chemie International Edition, 2011, 50: 3442 - 3445.

[118] (a) Abo M, Urano Y, Hanaoka K, et al. Development of a Highly Sensitive Fluorescence Probe for Hydrogen Peroxide [J]. Journal of the American Chemical Society, 2011, 133: 10629 - 10637; (b) Tachikawa T, Majima T. Single-molecule, single-particle fluorescence imaging of TiO_2 - based photocatalytic reactions [J]. Chemical Society Reviews, 2010, 39: 4802 - 4819; (c) Chen X, Zhou Y, Peng X, et al. Fluorescent and colorimetric probes for detection of thiols [J]. Chemical Society Reviews, 2010, 39: 2120 - 2135; (d) Li P, Duan X, Chen Z Z, et al. A near-infrared fluorescent probe for detecting copper (II) with high selectivity and sensitivity and its biological imaging applications [J]. Chemical Communications, 2011, 47: 7755 - 7757; (e) Michalet X, Kapanidis A N, Laurence T, et al. The power and prospects of fluorescence microscopies and spectroscopies [J]. Annual Review of Biophysics and Biomolecular Structure, 2003, 32: 161 - 182; (f) Resch-Genger U, Grabolle M, Cavaliere-Jaricot S, et al. Quantum dots versus organic dyes as fluorescent labels [J]. Nature Methods, 2008, 5: 763 - 775.

[119] (a) Jin T, Fujii F, Yamada E, et al. Preparation and Characterization of Thiacalix [4] arene Coated Water-Soluble CdSe/ZnS Quantum Dots as a Fluorescent Probe for Cu^{2+} Ions [J]. Combinatorial Chemistry & High Throughput Screening, 2007, 10: 473 - 479; (b) Huang J, Xu Y, Qian X. A red-shift colorimetric and fluorescent sensor for Cu^{2+} in aqueous solution: unsymmetrical 4,5 - diaminonaphthalimide with N - H deprotonation induced by metal ions [J]. Organic & Biomolecular Chemistry, 2009, 7: 1299 - 1303; (c) Liu T, Hu J, Yin J. Enhancing detection sensitivity of responsive microgel-based Cu(II) chemosensors via thermo-induced volume phase rransitions [J]. Chemistry of Materials, 2009, 21: 3439 - 3446; (d) Lv F, Feng X, Tang H, et al. Development of film sensors based on conjugated polymers for copper (II) ion detection [J]. Advanced Functional Materials, 2011, 21: 845 - 850;

(e) Comba P, Krämer R, Mokhir A, et al. Synthesis of new phenanthroline-based heteraditopic ligands-Highly efficient and selective fluorescence sensors for copper (II) ions European Journal of Inorganic Chemistry, 2006, 4442 - 4448.

[120] (a) Liu J, Lu Y. A DNAzyme catalytic beacon sensor for paramagnetic Cu²⁺ ions in aqueous solution with high sensitivity and selectivity [J]. Journal of the American Chemical Society, 2007, 129: 9838 - 9839; (b) Ballesteros E, Moreno D, Gomez T, Rodríguez T, Rojo J, García-Valverde M, Torrobá T. A new selective chromogenic and turn-on fluorogenic probe for copper (II) in water-acetonitrile 1:1 solution[J]. Organic Letters, 2009, 11: 1269 - 1272; (c) Xu Z, Han S J, Lee C, et al. Development of off-on fluorescent probes for heavy and transition metal ions[J]. Chemical Communications, 2010, 46: 1679 - 1681.

[121] (a) Domaille D W, Zeng L, Chang C J. Visualizing ascorbate-triggered release of labile copper within living cells using a ratiometric fluorescent sensor[J]. Journal of the American Chemical Society, 2010, 132: 1194 - 1195; (b) Ko K C, Wu J - S, Kim H J, et al. Rationally designed fluorescence "turn-on" sensor for Cu²⁺ [J]. Chemical Communications, 2011, 47: 3165 - 3167; (c) Zong C, Ai K, Zhang G, et al. Dual-emission fluorescent silica nanoparticle-based probe for ultrasensitive detection of Cu²⁺ [J]. Analytical Chemistry, 2011, 83: 3126 - 3132; (d) Jung H S, Kwon P S, Lee J W, et al. Coumarin-derived Cu²⁺ - selective fluorescence sensor: synthesis, mechanisms, and applications in living cells[J]. Journal of the American Chemical Society, 2009, 131: 2008 - 2012; (e) Meng Q, Zhang X, He C, et al. Multifunctional mesoporous silica material used for detection and adsorption of Cu²⁺ in aqueous solution and biological applications in vitro and in vivo[J]. Advanced Functional Materials, 2010, 20: 1903 - 1909; (f) Zhao Y, Zhang X B, Han Z X, et al. Highly sensitive and selective colorimetric and off-on fluorescent chemosensor

for Cu^{2+} in aqueous solution and living cells [J]. analytical chemistry 2009, 81: 7022 – 7030; (g) Yu M, Shi M, Chen Z, et al. Highly sensitive and fast responsive fluorescence turn-on chemodosimeter for Cu^{2+} and its application in live cell imaging[J]. Chemistry, 2008, 14: 6892 – 6900; (h) Yang L, McRae R, Henary M M, et al. Imaging of the intracellular topography of copper with a fluorescent sensor and by synchrotron x-ray fluorescence microscopy [J]. Proceedings of the National Academy of Sciences of the United States of America, 2005, 102: 11179 – 11184.

[122]　(a) Royzen M, Dai Z, Canary J W. Ratiometric displacement approach to Cu (II) sensing by fluorescence[J]. Journal of the American Chemical Society, 2005, 127: 1612 – 1613; (b) Komatsu K, Urano Y, Kojima H, et al. Development of an iminocoumarin-based zinc sensor suitable for ratiometric fluorescence imaging of neuronal zinc[J]. Journal of the American Chemical Society, 2007, 129: 13447 – 13454; (c) Wu C, Bull B, Christensen K, McNeill J. Ratiometric single-nanoparticle oxygen sensors for biological imaging[J]. Angewandte Chemie International Edition, 2009, 48: 2741 – 2745; (d) Zhang K, Zhou H, Mei Q, et al. Instant visual detection of trinitrotoluene particulates on various surfaces by ratiometric fluorescence of dual-emission quantum dots hybrid [J]. Journal of the American Chemical Society, 2011, 133: 8424 – 8427; (e) Yu H, Xiao Y, Guo H, Qian X. Convenient and efficient FRET platform featuring a rigid biphenyl spacer between rhodamine and BODIPY: transformation of turn-on sensors into ratiometric ones with dual emission[J]. Chemistry – A European Journal, 2011, 17: 3179 – 3191; (f) Xu Z, Yoon J, Spring D R. A selective and ratiometric Cu^{2+} fluorescent probe based on naphthalimide excimer-monomer switching [J]. Chemical Communications, 2010, 46: 2563 – 2565; (g) Ye F, Wu C, Jin Y, Chan Y H, Zhang X, Chiu D T. Ratiometric Temperature Sensing with Semiconducting Polymer Dots[J]. Journal of the American Chemical Society, 2011, 133: 8146 – 8149.

[123] Banerjee S, Gangopadhyay J, Lu C－Z, et al. Nickel（Ⅱ）complexes incorporating pyridyl, imine and amino chelate ligands: synthesis, structure, isomer preference, structural transformation and reactivity towards Nickel（Ⅲ）derivatives [J]. European Journal of Inorganic Chemistry, 2004, 2004: 2533－2541.

[124] (a) Chen X, Nam S－W, Kim G－H, et al. A near-infrared fluorescent sensor for detection of cyanide in aqueous solution and its application for bioimaging [J]. Chemical Communications, 2010, 46: 8953－8955; (b) Horner O, Girerd J－J, Philouze C, et al. A seven-coordinate manganese（Ⅱ）complex formed with the single heptadentate ligand N, N, N′－tris（2－pyridylmethyl)-N′－(2－salicylideneethyl)ethane－1, 2－diamine[J]. Inorganica Chimica Acta, 1999, 290: 139－144.

[125] You L, Long S R, Lynch V M, Anslyn E V. Dynamic multicomponent hemiaminal assembly [J]. Chemistry－A European Journal, 2011, 17: 11017－11023.

[126] (a) Chen Y, Rosenzweig Z. Luminescent CdS quantum dots as selective ion probes [J]. Analytical Chemistry, 2002, 74: 5132－5138; (b) Chan Y－H, Chen J, Liu Q, et al. Ultrasensitive copper（Ⅱ）detection using plasmon-enhanced and photo-brightened luminescence of CdSe quantum dots [J]. Analytical Chemistry, 2010, 82: 3671－3678.

[127] Zhu H, Song N, Lian T. Controlling charge separation and recombination rates in CdSe/ZnS Type I core-shell quantum dots by shell thicknesses [J]. Journal of the American Chemical Society, 2010, 132: 15038－15045.

[128] Verhaegh G, Richard M, Hainaut P. Regulation of p53 by metal ions and by antioxidants: dithiocarbamate down-regulates p53 DNA-binding activity by increasing the intracellular level of copper [J]. Molecular and Cellular Biology, 1997, 17: 5699－5706.

[129] (a) Bruchez M, Moronne M, Gin P, et al. Semiconductor nanocrystals as

fluorescent biological labels[J]. Science, 1998, 281: 2013 – 2016; (b) Chen Z, Chen H, Hu H, et al. Versatile synthesis strategy for carboxylic acid-functionalized upconverting nanophosphors as biological labels[J]. Journal of the American Chemical Society, 2008, 130: 3023 – 3029; (c) Lin Y, Taylor S, Li H, et al. Advances toward bioapplications of carbon nanotubes[J]. Journal of Materials Chemistry, 2004, 14: 527 – 541; (d) Kong B, Zhu A, Luo Y, et al. Sensitive and selective colorimetric visualization of cerebral dopamine based on double molecular recognition[J]. Angewandte Chemie International Edition, 2011, 50: 1837 – 1840; (e) Zhu A, Luo Y, Tian Y. Plasmon-induced enhancement in analytical performance based on gold nanoparticles deposited on TiO_2 film[J]. Analytical Chemistry, 2009, 81: 7243 – 7247; (f) Zhu A, Luo Y, Tian Y. Switching the direction of plasmon-induced photocurrents by cytochrome c at Au-TiO_2 nanocomposites [J]. Chemical Communications, 2009, 6448 – 6450.

[130] (a) Linder M C, Hazegh-Azam M. Copper biochemistry and molecular biology [J]. American Journal of Clinical Nutrition, 1996, 63: 797S – 811S; (b) Uauy R, Olivares M, Gonzalez M. Essentiality of copper in humans[J]. American Journal of Clinical Nutrition, 1998, 67: 952S – 959S; (c) Barnham K J, Masters C L, Bush A I. Neurodegenerative diseases and oxidative stress[J]. Nature Reviews Drug Discovery, 2004, 3: 205 – 214.

[131] (a) Liu J, Lu Y. A DNAzyme catalytic beacon sensor for paramagnetic Cu^{2+} ions in aqueous solution with high sensitivity and selectivity [J]. Journal of the American Chemical Society, 2007, 129: 9838 – 9839; (b) Lin W, Yuan L, Tan W, et al. Construction of fluorescent probes via protection/deprotection of functional groups: A ratiometric fluorescent probe for Cu^{2+} [J]. Chemistry – A European Journal, 2009, 15: 1030 – 1035; (c) Zhao Y, Zhang X B, Han Z X, et al. Highly sensitive and selective colorimetric and off-on fluorescent chemosensor for Cu^{2+} in aqueous solution and living cells [J]. Analyitcal

Chemistry, 2009, 81: 7022 - 7030; (d) Ko K C, Wu J S, Kim H J, et al. Rationally designed fluorescence "turn-on" sensor for Cu^{2+} [J]. Chemical Communications, 2011, 47: 3165 - 3167.

[132] (a) Domaille D W, Zeng L, Chang C J. Visualizing ascorbate-triggered release of labile copper within living cells using a ratiometric fluorescent Sensor[J]. Journal of the American Chemical Society, 2010, 132: 1194 - 1195; (b) Royzen M, Dai Z, Canary J W. Ratiometric displacement approach to Cu(II) sensing by fluorescence [J]. Journal of the American Chemical Society, 2005, 127: 1612 - 1613; (c) Komatsu K, Urano Y, Kojima H, et al. Development of an iminocoumarin-based zinc sensor suitable for ratiometric fluorescence imaging of neuronal zinc [J]. Journal of the American Chemical Society, 2007, 129: 13447 - 13454; (d) Wu C, Bull B, Christensen K, et al. Ratiometric single-nanoparticle oxygen sensors for biological imaging[J]. Angewandte Chemie International Edition, 2009, 48, 2741 - 2745; (e) Xu Z, Yoon J, Spring D R. A selective and ratiometric Cu^{2+} fluorescent probe based on naphthalimide excimer-monomer switching [J]. Chemical Communications, 2010, 46: 2563 - 2565; (f) Zhang K, Zhou H, Mei Q, et al. Instant visual detection of trinitrotoluene particulates on various surfaces by ratiometric fluorescence of dual-emission quantum dots hybrid[J]. Journal of the American Chemical Society, 2011, 133: 8424 - 8427; (g) Yu H, Xiao Y, Guo H, et al. Convenient and dfficient FRET platform featuring a rigid biphenyl spacer between rhodamine and BODIPY: transformation of turn-on sensors into ratiometric ones with dual dmission[J]. Chemistry-A European Journal, 2011, 17: 3179 - 3191; (h) Ye F, Wu C, Jin Y, et al. Ratiometric temperature sensing with semiconducting polymer dots [J]. Journal of the American Chemical Society, 2011, 133: 8146 - 8149.

[133] (a) Yang S T, Cao L, Luo P G, et al. Carbon dots for optical imaging in vivo [J]. Journal of the American Chemical Society, 2009, 131: 11308 - 11309;

(b) Yang S T, Wang X, Wang H, et al. Carbon dots as nontoxic and high-performance fluorescence imaging agents [J]. The Journal of Physical Chemistry C, 2009, 113: 18110 - 18114; (c) Baker S N, Baker G A. Luminescent carbon nanodots: emergent nanolights[J]. Angewandte Chemie International Edition, 2010, 49: 6726 - 6744.

[134] Gonalves H, Jorge P A S, Fernandes J R A, et al. Hg(II) sensing based on functionalized carbon dots obtained by direct laser ablation[J]. Sensors and Actuators B: Chemical, 2010, 145: 702 - 707.

[135] Li H, He X, Kang Z, et al. Water-soluble fluorescent carbon quantum dots and photocatalyst design [J]. Angewandte Chemie International Edition, 2010, 49: 4430 - 4434.

[136] Sun Y P, Zhou B, Lin Y, et al. Quantum-sized carbon dots for bright and colorful photoluminescence [J]. Journal of the American Chemical Society, 2006, 128: 7756 - 7757.

[137] Yang Y, Gao M Y. Preparation of fluorescent SiO_2 particles with single CdTe nanocrystal cores by the reverse microemulsion method [J]. Advanced Materials, 2005, 17: 2354 - 2357.

[138] Wang X, Cao L, Lu F, et al. Photoinduced electron transfers with carbon dots [J]. Chemical Communications, 2009, 3774 - 3776.

[139] Lakowicz J R. Principles of fluorescence spectroscopy[M]. New York: Kluwer Academic/Plenum Publishers, 1999.

[140] Wang X, Cao L, Yang S T, et al. Bandgap-like strong fluorescence in functionalized carbon nanoparticles [J]. Angewandte Chemie International Edition, 2010, 49: 5310 - 5314.

[141] (a) Bengtsson M, Malamas F, Torstensson A, et al. Trace metal ion preconcentration for Flame Atomic Absorption by an Immobilized N,N,N - tri - (2 - pyridyl-methyl)ethylene diamine (TriPEN) chelate ion exchanger in a flow injection system[J]. Microchimica Acta, 1985, 87: 209 - 221; (b) Kawabata

E, Kikuchi K, Urano Y, et al. Design and synthesis of zinc-selective chelators for extracellular applications[J]. Journal of the American Chemical Society, 2005, 127: 818 - 919; (c) Simaan A J, Döpner S, Banse F, et al. Fe^{III}-hydroperoxo and peroxo complexes with aminopyridyl ligands and the resonance Raman spectroscopic identification of the Fe—O and O—O stretching modes [J]. European Journal of Inorganic Chemistry, 2000, 2000: 1627 - 1633; (d) Ambundo E A, Deydier M - V, Grall A J, et al. Influence of coordination geometry upon copper$^{(II/I)}$ redox potentials. physical parameters for twelve copper tripodal ligand complexes[J]. Inorganic Chemistry, 1999, 38: 4233 - 4242.

[142] Bard A J, Faulkner L R. Electrochemical methods - Fundamentals and application [M]. John Wiely & Sons, Inc. , 2001.

[143] (a) Ra C, Furuichi K, Rivera J, et al. Internalization of IgE receptors on rat basophilic leukemic cells by phorbol ester. Comparison with endocytosis induced by receptor aggregation[J]. European Journal of Immunology, 1989, 19: 1771 - 1777; (b) Alcover Andres, Alarcon B. Internalization and intracellular fate of TCR - CD3 complexes[J]. Critical Reviews in Immunology, 2000, 20: 325 - 346.

[144] (a) Davis A V, O'Halloran T V. A place for thioether chemistry in cellular copper ion recognition and trafficking[J]. Nature Chemical Biology, 2008, 4: 148 - 151; (b) Camakaris J, Voskoboinik I, Mercer J F. Molecular mechanisms of copper homeostasis [J]. Biochemical and Biophysical Research Communications, 1999, 261: 225 - 232; (c) Barnham K J, Masters C L, Bush A I. Neurodegenerative diseases and oxidative stress [J]. Nature Reviews Drug Discovery, 2004, 3: 205 - 214.

[145] (a) Zeng L, Miller E W, Pralle A, et al. A selective turn-on fluorescent sensor for imaging copper in living cells [J]. Journal of the American Chemical Society, 2006, 128: 10 - 11; (b) Taki M, Iyoshi S, Ojida A, Hamachi I, Yamamoto Y.

Development of highly sensitive fluorescent probes for detection of intracellular copper(I) in living systems[J]. Journal of the American Chemical Society, 2010, 132: 5938 - 5939; (c) Liu J, Karpus J, Wegner S V, et al. Genetically encoded copper(I) reporters with improved response for use in imaging[J]. Journal of the American Chemical Society, 2013, 135: 3144 - 3149.

[146]   (a) Lin W, Long L, Chen B, et al. Fluorescence turn-on detection of Cu^{2+} in water samples and living cells based on the unprecedented copper-mediated dihydrorosamine oxidation reaction[J]. Chemical Communications, 2010, 46: 1311 - 1313; (b) Zhu A, Qu Q, Shao X, et al. Carbon-dot-based dual-emission nanohybrid produces a ratiometric fluorescent sensor for in vivo imaging of cellular copper ions[J]. Angewandte Chemie International Edition, 2012, 51: 7185 - 7189; (c) Dong Y, Wang R, Li G, et al. Polyamine-functionalized carbon quantum dots as fluorescent probes for selective and sensitive detection of copper ions[J]. Analytical Chemistry, 2012, 84: 6220 - 6224; (d) Qu Q, Zhu A, Shao X, et al. Development of a carbon quantum dots-based fluorescent Cu^{2+} probe suitable for living cell imaging[J]. Chemical Communications, 2012, 48: 5473 - 5475.

[147]   (a) Larson D R, Zipfel W R, Williams R M, et al. Water-soluble quantum dots for multiphoton fluorescence imaging in vivo[J]. Science, 2003, 300: 1434; (b) Kim H M, Cho B R. Two-photon probes for intracellular free metal ions, acidic vesicles, and lipid rafts in live tissues [J]. Accounts of Chemical Research, 2009, 42: 863 - 872; (c) Pawlicki M, Collins H A, Denning R G, et al. Two-photon absorption and the design of two-photon dyes[J]. Angewandte Chemie International Edition, 2009, 48: 3244 - 3266; (d) Terai T, Nagano T. Fluorescent probes for bioimaging applications[J]. Current Opinion in Chemical Biology, 2008, 12: 515 - 521; (e) He G S, Tan L S, Zheng Q, et al. Multiphoton absorbing materials: molecular designs, characterizations, and applications [J]. Chemical Reviews, 2008, 108: 1245 - 1330; (f) Sumalekshmy

S, Fahrni C J. Metal-ion-responsive fluorescent probes for two-photon excitation microscopy [J]. Chemistry of Materials, 2010, 23: 483 – 500; (g) Kong B, Zhu A, Ding C, et al. Carbon dot-based inorganic-organic nanosystem for two-photon imaging and biosensing of pH variation in living cells and tissues [J]. Advanced Materials, 2012, 24: 5844 – 5848; (h) Morales A R, Frazer A, Woodward A W, et al. Design, synthesis, and structural and spectroscopic studies of push-pull two-photon absorbing chromophores with acceptor groups of varying strength [J]. The Journal of Organic Chemistry, 2013, 78: 1014 – 1025; (i) Liu F, Wu T, Cao J, et al. Ratiometric detection of viscosity using a two-photon fluorescent sensor [J]. Chemistry – a European Journal, 2013, 19: 1548 – 1553; (j) Jiang Y, Wang Y, Hua J, et al. Multibranched triarylamine end-capped triazines with aggregation-induced emission and large two-photon absorption cross-sections [J]. Chemical Communications, 2010, 46: 4689 – 4691.

[148] (a) Lu J, Yeo P S, Gan C K, et al. Transforming C_{60} molecules into graphene quantum dots [J]. Nature Nanotechnology, 2011, 6: 247 – 252; (b) Liu R, Wu D, Feng X, et al. Bottom-up fabrication of photoluminescent graphene quantum dots with uniform morphology [J]. Journal of the American Chemical Society, 2011, 133: 15221 – 15223; (c) Shen J, Zhu Y, Yang X, et al. Graphene quantum dots: emergent nanolights for bioimaging, sensors, catalysis and photovoltaic devices [J]. Chemical Communications, 2012, 48: 3686 – 3699; (d) Pan D, Zhang J, Li Z, et al. Hydrothermal route for cutting graphene sheets into blue-luminescent graphene quantum dots [J]. Advanced Materials, 2010, 22: 734 – 738; (e) Tachikawa T, Cui S C, Fujitsuka M, et al. Interfacial electron transfer dynamics in dye-modified graphene oxide nanosheets studied by single-molecule fluorescence spectroscopy [J]. Physical Chemistry Chemical Physics, 2012, 14: 4244 – 4249.

[149] Dong Y Q, Shao J W, Chen C Q, et al. Blue luminescent graphene quantum

dots and graphene oxide prepared by tuning the carbonization degree of citric acid [J]. Carbon, 2012, 50: 4738 – 4743.

[150] Misra H P. Reaction of copper-zinc superoxide dismutase with diethyldithiocarbamate [J]. Journal of Biological Chemistry, 1979, 254: 11623 – 11628.

[151] Crosby G A, Demas J N. Measurement of photoluminescence quantum yields. Review [J]. The Journal of Physical Chemistry, 1971, 75: 991 – 1024.

[152] Xu C, Webb W W. Measurement of two-photon excitation cross sections of molecular fluorophores with data from 690 to 1050 nm [J]. Journal of the Optical Society of America B, 1996, 13: 481 – 491.

[153] Makarov N S, Drobizhev M, Rebane A. Two-photon absorption standards in the 550 – 1600 nmexcitation wavelength range [J]. Optical Express, 2008, 16: 4029 – 4047.

[154] (a) Hontoria-Lucas C, López-Peinado A J, López-González J, et al. Study of oxygen-containing groups in a series of graphite oxides: Physical and chemical characterization [J]. Carbon, 1995, 33: 1585 – 1592; (b) Li Y, Hu Y, Zhao Y, et al. An electrochemical avenue to green-luminescent graphene quantum dots as potential electron-acceptors for photovoltaics[J]. Advanced Materials, 2011, 23: 776 – 780; (c) Peng J, Gao W, Gupta B K, et al. Graphene quantum dots derived from carbon fibers [J]. Nano Letters, 2012, 12: 844 – 849.

[155] Zhang J, Yuan J, Yuan Y, et al. Platelet adhesive resistance of segmented polyurethane film surface-grafted with vinyl benzyl sulfo monomer of ammonium zwitterions [J]. Biomaterials, 2003, 24: 4223 – 4231.

[156] Fisher J A N, Salzberg B M, Yodh A G. Near infrared two-photon excitation cross-sections of voltage-sensitive dyes[J]. Journal of neuroscience methods, 2005, 148: 94 – 102.

[157] Chakraborti H, Sinha S, Ghosh S, et al. Interfacing water soluble nanomaterials with fluorescence chemosensing: Graphene quantum dot to detect

Hg^{2+} in 100% aqueous solution [J]. Materials Letters, 2013, 97: 78 - 80.

[158] (a) You Y, Han Y, Lee Y M, et al. Phosphorescent sensor for robust quantification of copper(II) ion [J]. Journal of the American Chemical Society, 2011, 133: 11488 - 11491; (b) Li C, Yu M, Sun Y, et al. A nonemissive iridium(III) complex that specifically lights-up the nuclei of living cells [J]. Journal of the American Chemical Society, 2011, 133: 11231 - 11239.

[159] Harris E D, Percival S S. A role for ascorbic acid in copper transport [J]. The American Journal of Clinical Nutrition, 1991, 54: 1193S - 1197S.

后　记

　　博士研究生阶段的学习生活，紧张而又充实。三年的实验结果和心得体会凝聚成一本沉甸甸的学术专著，高兴和欣慰之余，不禁感慨系之。

　　本书研究内容是在田阳导师的悉心指导下完成的。在硕士与博士的六年研究生学习期间，田老师在我研究课题拟定、实验工作、本书撰写等方面倾注了大量的心血和汗水。在此谨向我的导师致以衷心的感谢！

　　感谢朱仲良教授、张鲁凝教授、赵晓明教授、汪世龙教授、刘春元教授、李通化教授、邓子峰副教授、丛培盛副教授、李波副教授、林超副教授、张兵波副研究员、张立敏副研究员、柴晓兰老师在我开展博士论文研究的各个阶段所给予的无私帮助！同时也要感谢中心实验室的杨慧慈老师、胡慧康老师和其他老师为我的实验顺利进行提供了重要保障。

　　感谢本课题组的刘海清、罗永平、王振、周捷、丁长钦、芮琦、禄春强、李晓光、刘岩、翟婉盈、周金庆、张峰、曲强、刘笛、梁艳、孔彪、夏培培、石秀、王夕婷和其他师弟师妹们，能与你们共同学习和生活是我研究生阶段的一笔财富，从你们身上我学到了很多，感谢你们！

　　同时，感谢国家自然科学基金、上海市纳米科学基金和教育部新世纪优秀人才计划的大力支持。

　　最后我要感谢我的家人对我一如既往的支持。希望在新的一年，百尺竿头更进一步！

朱安伟